Patricia Staniek

Status

PATRICIA STANIEK

STATUS

So verschaffen Sie sich Ansehen, Gehör und Respekt

GOLDEGG VERLAG

Bildrechte Umschlag: Alexandra Schepelmann/donaugrafik.at
Rechte Covermotiv: freepik
Rechte Autorenfoto: RUNWAY STUDIOS
Rechte Fotos im Kern: Manuel Graf

Der Verlag und seine Autoren sind für Reaktionen, Hinweise oder Meinungen dankbar. Bitte wenden Sie sich diesbezüglich an verlag@goldegg-verlag.com.

Der Goldegg Verlag achtet bei seinen Büchern und Magazinen auf nachhaltiges Produzieren. Goldegg Bücher sind umweltfreundlich produziert und orientieren sich in Materialien, Herstellungsorten, Arbeitsbedingungen und Produktionsformen an den Bedürfnissen von Gesellschaft und Umwelt.

ISBN: 978-3-99060-129-7

Friedrichstraße 191 • D-10117 Berlin
Telefon: +49 800 505 43 76-0

Goldegg Verlag GmbH, Österreich
Mommsengasse 4/2 • A-1040 Wien
Telefon: +43 1 505 43 76-0

E-Mail: office@goldegg-verlag.com
www.goldegg-verlag.com

Layout, Satz und Herstellung: Goldegg Verlag GmbH, Wien
Printed in the EU

Dieses Buch widme ich nicht meinem Haus,
nicht meinem Boot, nicht meinem Auto.
Sondern meinem Lebens- und Liebesmenschen,
meinem Ehemann Manfred, in dessen Herz ich seit
1984 einen fixen Platz habe und er in meinem.

Danksagung

Elisabeth Motsch, Image- und Stilberaterin – für fachliche Expertise zum Thema Status Kleidung. www.motsch.at

Gastbeiträge zum Thema Status

Manfred Staniek, CEO Finance, Patricia Staniek, Int. Consulting, Profiling & Criminology

Julien Backhaus, Deutscher Medienunternehmer, Verleger Erfolgsmagazin, Lobbyist,

Elisabeth Himmer-Hirnigel, President of Public Affairs, PR International

Fotos im Buch

Manuel Graf, Fotograf

Model

Vanessa Kuzmich, TV-Moderatorin & Profiler PScn

Danke an Verena Minoggio--Weixlbaumer und Elmar Weixlbaumer, Goldegg Verlag, für die großartige Zusammenarbeit und das Vertrauen.

Manfred Staniek, TheHusband Danke!

Inhaltsverzeichnis

Vorwort von Sandra Soravia-Lepuschitz, Kommunikationsexpertin 13
Bevor Sie dieses Buch lesen 15

Status – Er ist immer da! 17
Was TheBossHoss mit diesem Buch zu tun haben 17
Status quo – die Ermittlung 19
Status-Change – vom Angestelltenstatus in den Unternehmerstatus 21
Status-Watsche – die erste großartige Idee, der erste Erfolg und die erste Niederlage 23
Status-Definition – was Status für mich bedeutet 26

Statussymbol „Position“ 31
Der Fall „Niki Lauda und Conchita ist es Wurst“ – Status hat jeder 35
Muss ich mich verbiegen? 37
Der Fall „Naomi und der Trottel“ – sich des Status bewusst werden 38
Das Statusspiel – willkommen im Prestige-Theater 41
Der Fall „Barack Obama“ – perfektes Statusspiel 42
Der Fall „Nicht mit Vladimir“ – Positionsmacht pur 43

Statusbasis Macht 46
Mut und Macht 46
Wut und Macht 49
Machtkompetenz – Ziele konsequent verfolgen 50

Statuspersönlichkeit: Status innen – Status außen 54
Der äußere Status – du bist, was du scheinst? 55
Der innere Status – du bist, was du bist und was du sein könntest 57
Der Fall „Gerti“ – Herausforderungen annehmen 58

Ihr innerer Hochstatus 59
Souveränität ist sexy 60
Statussymbol „Glaubwürdigkeit“ rockt 62

Statuskomponenten – Selbstbeobachtung als Erfolgsspur 64
Status „innen hoch und außen hoch“ – a Leader's Life 66
Status „innen hoch und außen tief“ – die Embassy und der Vermittler 67
Status „innen hoch und außen tief“, was bedeutet das? 67
Der Fall „Herbert will eine bessere Position“ – das Innen und Außen hängen zusammen 68
Status „innen tief und außen hoch“ – der Hero und die bissige Stute 71
Status „innen tief und außen tief“ – der ungefährliche Sympath und Empath 71

Statusübungen – bauen Sie Ihr sicheres Fundament 72
Status gezielt einsetzen 73
Den Status im jeweiligen Kontext sehen 75
Der Fall „Schuhgeschäft“ – gekonnt kontern 76
Das Status-senken-Ritual – zwischen Bonus und Kriegsschauplatz 78
Statustraining im Wolfsgehege 81
Statusalarm – der Fall „Wir gehen ins Kino“ – tägliches Statusspiel 83
Das Hierarchieverhalten 84

Statusbeobachtung – die Analyse von Verhalten 86
Der Fall „Spaß im Supermarkt“ – der Alltag als Beobachtungsfeld 87
Statuslüge – wie Status-Fakes Menschen beeindrucken 89
Der Fall „Heiratsschwindler“ – die 5-T-Methode 92
Der Fall „Negotiation“ – warum gute Vorbereitung essenziell ist 95

Körperstatus 1 – wie der Körper mit uns spricht 98
Wirkung beeinflussen durch Körpersprache 98
Die Body-Mind-Connection 100
Die Eigen- und Selbstwahrnehmung 102
Der Fall „Fix Angst im Gesicht“ – Status-Selbstwahrnehmung 103
Der Fall „Neuer Kunde“ – Statusverhandlung 106
Status, Macht und Wirkung über Körpersprache 108

Statusgang – warum der Gang viel über uns verrät 111
Von Fersengehern, Schlurfen und Kickern – verschiedene Gangarten 114
Der Fall „Staniek und die Polizei – Blitzeinschätzung .. 117
Wie man im Hochstatus zur Bühne geht 118
Der Fall „Politikerin macht die ersten großen Schritte“ – vieles ist erlernbar 120
Stehen Sie! Aber wie? 123
Der Fall „Befragung eines vermeintlichen Diebes“ – auch drohen muss man können 124

Statusinszenierung und Statusschauspiele 126
Der Fall „Diplomatische Geburtstagsfeier auf Malta“ – glitzern und glänzen 126
Begrüßung auf Augenhöhe 129
Begrüßungsrituale à la Trump 131
Handschläge – vom Fingerspitzengreifer und dem Sandwich 137

Körperstatus 2 – Signale des Körpers, die Tiefstatus vermitteln 142
Der Fall „Keyaccounter des Jahres“ – Unsicherheiten enttarnen 143
Stresssymptome und Beruhigungsgesten 146
Der Fall „Beißen und Zupfen“ – auffällige Merkmale . 147
Gesten – wie Sie über Gesten Status ausdrücken 148
Der Fall „Podiumsdiskussion“ – Selbststärkung 150

Stimme – Stimmung – Bestimmen 152

Körperstatus 3 – Statussprache der Augen 158
Der Augenkontakt als Transporter für Status 158
Eine kurze Reise durch die Welt der Augenblicke 160
Augenkontakt mit Wölfen trainieren und innere Emotionssysteme 162
Der Fall „Blickwechsel" – zwischen töten und in den Bann ziehen 164
Der Fall „Ein Mann starrt eine Frau an" – kulturelle Unterschiede 165
Der Fall „Karl-Theodor zu Guttenberg" – der kleine Kampf 168
Der Fall „Statusveränderung" – Armdrücken mit den Augen 171
Der Fall „Toms Stiefmutter" – mit den Augen drohen . 172

Statusklassiker und Spielchen 174
Der Fall „Stanieks Schreibtisch" – Revierverletzung 174
Der Fall „Key-Accounter und der Umsatz" – warum „Herumgockeln" nicht erfolgreich ist 175
Der Fall „Petticoat" – Statusverminderung durch Abwertung 179
Der Fall „Skepsis als Statusspiel" – bewusste Irritation 180
Der Fall „Walter" – Ignoranz als Statuswaffe 181
Der Fall „Großtischlerei" – Statusfalle „Sitzgelegenheit" 182
Der Fall „Werner Faymann versus Heinz Christian Strache" – das Setting kann entscheiden 185
Der Fall „Gerhard im Großraumbüro" – Proxemik als Statusmerkmal 187
Der Fall „Gib mir meinen Tisch, ich bin ein Superpromi!" – das „Alles gehört mir"-Raumverhalten .. 188
Der Fall „Bruce Willis in Wien" – die Status-Challenge . 191
Der Fall „Experiment im Lift" – Statusverhalten in Distanzzonen 192

Statuswirkung durch Umfeldgestaltung, Kleidung und Statussymbole 199
Status Ihres unmittelbaren Umfeldes und Farbwahrnehmung 199
Look at me – Kleidung als äußeres Anzeichen für Status 202
Der Fall „Rüschenbluse und Handtasche“ – Statusbonus oder Statusfalle 205
Statussymbol Füller oder Kugelschreiber 209
Heikles Thema: Statusverlust durch „zu viel Holz vor der Hütte“ und Co. 209
Tipps für den Mann im Berufsleben 211
Statussymbol Uhr 214
Den Dresscode bewusst brechen? 215

Gastbeiträge 218
Status Auto im Wandel der Zeit – und was E-Auto-Ladestationen mit Status zu tun haben werden – Manfred Staniek 218
Erfolg ist Status – Julien Backhaus 224
Persönliche Leistung und Prioritäten als Statussymbole – Elisabeth Himmer-Hirnigel 227
Social-Media-Kommentare 231

Anhang 241
Literaturempfehlungen 241

Vorwort von Sandra Soravia-Lepuschitz, Kommunikationsexpertin

Als mir Patricia zum ersten Mal von ihrer Buchidee erzählte, musste ich unmittelbar an meinen verstorbenen Vater denken. Eine der vielen Eigenschaften, die ich an ihm bewunderte, war, dass er allen Menschen ungeachtet der sozialen Stellung mit demselben Respekt begegnete. Als Führungskraft in einem internationalen Baukonzern hatte er es mit Bauarbeitern genauso zu tun wie mit Vorstandskollegen. Doch er machte im sozialen Umgang keine Unterschiede. Für ihn zählte immer nur der Mensch. Heute denke ich, dass allein diese Offenheit und Souveränität im Umgang mit seinen Mitmenschen ein Symbol seines überlegenen Status war.

Nicht immer ist es einfach, den Menschen hinter der oft künstlichen Fassade zu erkennen. Status ist ein dynamisches Konzept, das auch vom Fremdbild und der Wahrnehmung und Wirkung auf die Öffentlichkeit abhängt. Gerade in der Kommunikationsbranche, in der ich mich bewege, ist man oft mehr mit Schein als Sein konfrontiert und der äußere Status entpuppt sich schon mal als Mogelpackung. Die mediale und digitale Selbstinszenierung kann zum Verhängnis werden, wenn sie mit falschen Statussymbolen aufgepimpt und nicht authentisch ist. Umgekehrt begegnen einem aber auch Menschen, deren wahres Sein weit über dem von außen wahrgenommenen Status steht. Hier ist es dann die Aufgabe eines Kommunikationsexperten, den realen Status auch zur wahrgenommenen Außenpositionierung werden zu lassen.

Einige erhalten ihren Status mit der Geburt, andere erhalten ihn durch Heirat und wieder andere müssen ihn sich hart erarbeiten. Patricia zählt zur dritten Kategorie. Als langjährige Freundin und Vertraute weiß ich, dass die Autorin in ein sozial schwächeres Umfeld geboren wurde und auf einen durchaus steinigen Aufstieg zurückblickt. Nur durch enormen Fleiß, Zielstrebigkeit sowie ihren ausgeprägten Instinkt und ihr Feingefühl für Menschen ist es ihr gelungen, den Status einer angesehenen Profilerin und erfolgreichen Coach zu erlangen. Wer ist also berufener, sich der Thematik *Status* in Buchform zu widmen, als diese exzellente Beobachterin von Körpersprache, Mimik und menschlichem Verhalten?

Ich wünsche Patricia Staniek von Herzen, dass die Publikation dieses hoch interessanten Buches ein weiterer Meilenstein auf ihrem Weg ist, der ihr jene Ausprägung von Status und Ansehen stärkt, die ihr gebührt.

Mag.ª Sandra Soravia-Lepuschitz, September 2019

Bevor Sie dieses Buch lesen

Ich habe dieses Buch geschrieben, weil Status um uns ist, ob wir wollen oder nicht.

Status können wir nicht entschlüsseln, es gibt keinen allgemein gültigen Statuscode oder Checklisten, nach denen wir vorgehen könnten. Falls Sie dennoch Checklisten finden: Bitte knüllen Sie diese zusammen und entsorgen Sie sie im Altpapier. Beobachten Sie Menschen und ihr Verhalten genau, dann brauchen Sie keine Checklisten zu den Themen *sozialer Status, Statusverhalten, Statusspiele und Statussymbole.* Lernen Sie die Gesetzmäßigkeiten kennen, die Ihnen mehr Gehör, Anerkennung und Respekt verschaffen. Und lassen Sie sich gesagt sein: Macht und Status sind nicht böse – sie sind neutral! Die Art und Weise, wie Status gespielt und Macht ausgeübt wird, ist abhängig vom Menschen.

Vieles habe ich am eigenen Leibe erlebt und vieles bei Seminaren, Beratungen, Befragungen gelernt und beobachtet. Die Fälle, die ich hier beschreibe, sind real, die Orte und Personen sind aus Datenschutzgründen abgeändert und fiktiv. Die Inhalte meines Buchs resultieren aus meinen Beobachtungen und Erfahrungen, aus mehr als zwanzig Jahren Arbeit mit Menschen im Seminar- und Ausbildungskontext und meinen Erfahrungen als Profiler, Kriminologin, Wirtschaftscoach und Unternehmensberaterin.

Ich wünsche mir, dass Sie aus diesem Erfahrungsspektrum profitieren, indem Sie sich überlegen, ob, wo und wie die Impulse aus den fachlichen Beiträgen und den Fällen in Ihr Berufsumfeld passen und Ihnen dabei helfen können, mehr Gehör, Ansehen und Respekt zu bekommen. Alleine das Durchschauen von Status- und Machtspielen kann bereits viel bewirken.

Hinterfragen Sie gerne, bleiben Sie bitte offen, probieren Sie einfach aus und experimentieren Sie! Ich wünsche mir, dass Sie nicht leichtfertig auf die Statuswiese spielen gehen, sondern mit diesem Thema und allem, was dazugehört, mit Wertschätzung, Achtung, Respekt, Toleranz und Akzeptanz umgehen. Und vor allen Dingen: mit Menschen.

Ihre Patricia Staniek

Status – Er ist immer da!

Was TheBossHoss mit diesem Buch zu tun haben

Ich fahre im Auto auf der Autobahn Richtung Deutschland. Ich bin auf Roadshowtour. Entgegen meiner Gewohnheit, längere Fahrzeiten zum weiteren Ausbau meines Wissensstatus zu nutzen und Hörbücher zu hören, höre ich Radio. Es läuft *TheBossHoss* und ich vernehme den Satz, diesen einen Satz, aus einem ganzen Lied: „My balls are bigger than your balls." Und er trifft mich! Voll! Und er *be*trifft mich. Danke, BossHoss, ihr habt ihn mir um und in die Ohren gehauen. Ich hab ihn wieder, diesen Flash. Diesen Flash, den ich immer wieder mal habe, zum Beispiel während des Schreibens meiner ersten beiden Bücher. Diesen einen Impuls, der mir jedes Mal gezeigt hat, worüber ich schreiben soll.

Ideen sind ohnehin immer da, ich suche nicht nach ihnen. Sie kommen dann, wenn ich sie brauche, wenn ich bereit bin, das nächste Buch zu schreiben oder den nächsten Schritt zu machen. Die Inspiration kommt in Form eines Flashs. Meist ist es ein umwerfender Flash, der mein Herz jubeln lässt, den Verstand zum Singen verführt, die Seele berührt, mein Blut in Wallung bringt, meine Leidenschaft in 300 PS umwandelt und meinen Ideenreichtum aktiviert.

Ich juble und ich freue mich! Nachdem mich meine Lieblingsbuchverlegerin – Stressmacherin Verena – ja schon „ein bisschen“ geschubst hat („Staniek, schreib wieder was!“) und ich nicht schlüssig war, welches Thema ich mir vornehmen sollte, blieb ich vollkommen entspannt.

Dieses Thema habe ich im kleinen Finger, ich muss mir nicht mit Gewalt den Kopf zerbrechen, welches Buch in meinen Stil, mit meinem Weg, mit meiner Erfahrung es noch nicht gibt. Das Buch bzw. der Titel, mit dem ich mich identifizieren kann, und der ein Teil meiner Arbeit und meines Lebens als Consulterin, Profiler, Kriminologin, Coach und Speakerin ist. Es wird wieder so kommen, wie es immer ist. Es trifft auf mich, wie der Meteorit den Erdball, wie der Ball das Tor, wie die Kugel meiner Lieblingswaffe am Schießstand das Schwarze.

„My balls are bigger than your balls“, danke BossHoss. Ihr seid zur richtigen Zeit am richtigen O(h)rt gewesen.

My balls are bigger than your balls. *STATUS*. Da war’s. Du kannst Status nicht ausweichen, er ist da! Immer und überall. Er fragt dich nicht, ob du ihn willst, er steht dir gegenüber. In unzähligen Formen. In meiner täglichen Arbeit, die ausgefüllt ist mit der Analyse von Menschen, Beratungen, Coachings, Keynotes, Befragungen, Interviews, Fachvorträgen – er ist *immer* da. Der Status.

Der Status als Machtinstrument, der Status als Spielzug, der Status als Strategie oder der Status als Selbstverständnis.

Begleiten Sie mich ins Status-Mysterium: sozialer Status, Statusverhalten, Statusspiel und Statusstrategie. Stellen Sie sich mit mir dem Unausweichlichem. In einer Welt, die von Macht, Status und Manipulation getragen wird. In unserer Welt und in diesem Fall: in meiner Berufsumwelt.

Status quo – die Ermittlung

Wie sieht es mit meinem Status aus, denke ich, und sehe mich mal um. Im eigenen Umfeld. Ich sitze an meinem Schreibtisch in meinem Büro und sehe mich um. Welchen Status repräsentiert es? Repräsentiert mein Umfeld den Status, den ich möchte und den ich mir erarbeitet habe? *Bin* ich das, was hier um mich ist? Ist es weniger als das oder mehr? Wie ist mein Status quo?

Welchen Status spiegelt mein Büro? Passt es zu mir? Will ich das? Ich habe eine verdammt gute Adresse für mein Büro gewählt: Wien, im ersten Bezirk, gleich neben dem Rathaus, ein paar Schritte vom Parlament entfernt. Dieses Haus ist eine Residenz – ein originales Otto-Wagner-Haus, das vor Kurzem wieder neu renoviert wurde, inklusive der wunderschönen Goldverzierungen direkt unter dem Dach. Ich bin stolz darauf, in diesem schönen Haus, in diesem Stück Wiener Geschichte, zu arbeiten. Ich schaue meinen Schreibtisch an. Glas, Chrom, aufgeräumt, strukturiert, Terra-Nigra-Gegenstände – also schwarzes Porzellan – zieren meinen Schreibtisch, mein Bürostuhl ist wuchtig und aus rotem Leder. Die Bilder an den Wänden sind echte Hingucker. Der Besuchertisch in meinem Büro mit dem großen schwarzen Elefanten – edel. Alles in schwarzem Lack, Glas oder Chrom. An diesem runden Tisch und um den Elefanten fanden unzählige Elefantenrunden mit Hochstatus-Persönlichkeiten aus meinen Businesskreisen statt. Eigentlich wirkt alles sehr männlich. Doch dieses Rot dazwischen verrät mich. Kein Mann würde sich einen roten Lederstuhl hinstellen, oder?

Obwohl ich meine Weiblichkeit nicht verberge oder verbergen möchte und voll lebe, wirkt meine Umgebung im Büro weitgehend männlich. Mir gefällt es und ich merke: Ich liebe viele Dinge und Themen, die die meisten Menschen eher Männern zuschreiben würden als Frauen. Mag wohl so sein, bei mir war das immer etwas anders. Dieses Umfeld repräsentiert mich und meine Persönlichkeit. Ich identifiziere mich mit meinem Umfeld, mein Umfeld ist mein Status-Ich – sowohl privat als auch beruflich. Erkennen meine Gäste und Kunden, dass dieser Raum in diesem Büro das Büro des Chefs, nämlich meins, ist? Definitiv! Ich bin zufrieden. Wir passen zusammen, sind vollkommen kompatibel, wir sind echt, ungeschönt und ehrlich. Ich repräsentiere das, was ich geworden bin, vollkommen uneitel, vollkommen unnarzisstisch stellt es sich dar. Mein „Ich" in meinem Umfeld, mein Status-Ich! Es zeigt meine Entwicklung auf.

Wie hat mein Büro vor mehr als zwanzig Jahren ausgesehen? Mein erstes Büro nach meiner Firmengründung, nach dem Abschied aus meiner Führungstätigkeit in einem großen Unternehmen und dem Start in die unendliche Freiheit des Unternehmertums. Ja, eh okay, Holz und blaue Bestoffung der Sessel. Passend für meine Ausgangsbasis, passend für diese Zeit, war damals modern. Stabil und massiv wirkend, elegant, aber rückwirkend betrachtet „to much wood" für mich. Praktikabel und leistbar eben. Auch das hat zu meiner *damaligen* Status-Ausgangssituation gepasst. Von damals bis heute! Eine Entwicklung meiner Persönlichkeit, eine Entwicklung meines Ichs und eine Entwicklung meines Status auf allen Ebenen. Was mich heute äußerlich umgibt und wie ich mich innerlich und beruflich entwickelt habe, spiegelt sich in dieser Betrachtung ausgezeichnet wider!

Ermitteln auch Sie mit mir gemeinsam Ihren Status. So wie ich als Profiler und Coach Verhalten analysiere, trainiere, als Kriminologin agiere, recherchiere, forsche, entwickle und Schlüsse ziehe, erfahren Sie hier, wie es um Ihren persönlichen Status steht. Dabei erhebt sich die Frage: Wie wichtig ist Ihnen Ihr Status? Ist er wichtig oder eher schnurzpiepegal? Haben Sie inneren Status und äußeren Status, haben Sie nur inneren Status und der äußere ist Ihnen nicht wichtig? Oder haben Sie nur äußeren Status, der als Fassade, als

Stützpfeiler, als tragende Mogelsäule für Ihr Inneres dient? Wo stehen Sie? Wo wollen Sie hin? Was ist Ihnen wichtig? Wie werden Sie wahrgenommen? Was konkret wird wahrgenommen? Wie *wollen* Sie wahrgenommen werden? Wo geraten Sie in die Status-Bredouille, wo verlieren Sie im Statusspiel, wo sind Sie der Gewinner oder die Gewinnerin? Würden Sie lieber mehr gewinnen, hätten Sie gerne mehr Status? Ja? Dann sehen Sie dieses Buch als Anleitung für eine Reise in Ihr Experimentierfeld „Status". Nutzen Sie die Gelegenheit, tauchen Sie ein, springen Sie rein, probieren Sie aus! Nach der Devise: Sie müssen gar nichts, außer vielleicht – im eigenen Interesse – Bescheid zu wissen.

Status-Change – vom Angestelltenstatus in den Unternehmerstatus

Irgendwann war es so weit und ich entschied mich zu einer Veränderung. Menschen zu entwickeln, sie zu leiten, sie anzuleiten, zu schulen, zu coachen und zu trainieren – das muss ja nicht unbedingt weiterhin als Führungskraft in einem Unternehmen passieren. Ich wollte meine Freiheit, wollte meine Selbstständigkeit, wollte für mich entscheiden, alleine entscheiden, wollte Verantwortung für mich und meinen Weg. Selbstverantwortung pur. So traf ich von einem Moment auf den anderen die Entscheidung, selbständig zu werden.

All meine Erfahrung, all die Seminare, die ich besucht hatte, all die Managementausbildungen, die ich zur Führung meiner Mitarbeiter gemacht hatte, fasste ich nun rasch zusammen und blickte darauf – auf diesen Haufen von „viel, aber was ist es konkret?" Plus Bühnenerfahrung, die ich als Sängerin einer damals durchaus bekannten Band neben meinem Job, bis zur Schwangerschaft mit meinem Sohn, gesammelt hatte.

Dann ging nichts mehr mit Singen. Die Kugel, die mein Sohn zu dieser Zeit inwendig in mir nach außen produzierte, schob ich mühseligst vor mir her und war dankbar, die Treppe in den ersten Stock zu überleben, ohne zu ersticken. Also gab ich das Singen und die Auftritte mit der Band auf, weil mein Baby am Weg war und ich ihm meine volle Aufmerksamkeit schenken wollte. Aber die Bühnenerfahrung, die hatte schon etwas für alles Weitere.

So, da saß ich nun mit all meinen Seminarzertifikaten, Erfahrungen und Puzzlesteinen, warf einen verzweifelten Blick in Richtung meines Mannes und sagte: „Du, was kann ich wirklich gut? Also das, was ich beruflich verwerten kann?“ Er antwortete: „Du kannst super reden, ich kenne niemanden, der so viele Worte in einer Minute unterbringt, die gut klingen, und du kannst Menschen was beibringen, du hast die Gabe, Komplexes und Schwieriges einfach zu vermitteln und die Menschen folgen dir. Irgendwie tun die automatisch immer das, was du willst.“ Ja, das stimmt schon, lieber Ehemann. Alle, nur du nicht.!

Aufgrund der Aussage meines Mannes war er da, der Flash. Sie kennen ihn schon, den vom Buchanfang. Mir war plötzlich klar, was ich tun wollte: Ich wollte das Verhalten von Menschen analysieren und ihnen beibringen, wie sie ihr Verhalten verändern können, um mehr zu erreichen, mehr zu bewirken, selbstbewusster zu werden, besser aufzutreten, einfach um die persönliche Performance zu steigern.

Warum ich das tun wollte? Weil ich es kann. Weil es meine Gabe ist. Ich hatte mir die theoretischen Hintergründe erarbeitet und erlesen und ich hatte viel Erfahrung in der Arbeit mit Menschen. Und vor allen Dingen: Ich liebte es, mit Menschen zu arbeiten, und es ist heute noch immer meine Liebe und Leidenschaft.

Nun stand es fest, ich würde alle Leute, die ich kannte, anschreiben und ihnen ein Seminar anbieten. Das Angebot lautete: „Ich analysiere Ihr Verhalten und zeige Ihnen, wie

Sie sich wirkungsvoller präsentieren und verkaufen.“ Der Seminarpreis, den ich damals ausschrieb, waren 300 Schilling pro Person! Heute wären das knapp 22 Euro. Und tatsächlich: Drei Wochen später hielt ich mein erstes Zwei-Tage-Seminar mit sage und schreibe vierzehn Teilnehmerinnen und Teilnehmern.

Es funktionierte. Das Feedback war großartig. Ich analysierte, korrigierte und die Menschen erlebten, wie sie mit kleinen Veränderungen Großes bewirken konnten. Am Ende des Tages hatte ich begeisterte Teilnehmerinnen und Teilnehmer und war einfach nur happy.

Status-Watsche – die erste großartige Idee, der erste Erfolg und die erste Niederlage

Ich setzte mich zu meinem Schreibtisch und gestaltete einen Flyer. Mein Ziel war es, Firmenkunden zu akquirieren. Auf der Endversion des Flyers war nichts außer einem riesengroßen, fetten schwarzen Fragezeichen. Mein Mann hatte die Idee dazu. Es war ein weißes zusammengefaltetes A4-Blatt. Auf dem Deckblatt war das Fragezeichen, auf den Innenseiten nur gähnend weiße Leere und auf der Rückseite der Firmenname und die private Festnetznummer. Dann öffnete ich das Firmentelefonbuch und tippte wahllos auf ein paar Firmen. Die Adresse dieser Auserwählten schrieb ich auf Notizzettel und loste unter ihnen meine ersten beiden potenziellen Firmenkundenkandidaten aus.

Diesen, nach Tiefstatus aussehenden, Folder mit dem imponierenden Fragezeichen versandte ich an die Konzerne. Ja, natürlich Konzerne! Was sonst! An den Vorstand bei Firma A und den Personalleiter bei Firma B. Der Vorstand der Firma A rief mich tatsächlich an und lud mich zu einem Gespräch ein. Beim Personalleiter der Firma B telefonierte ich nach und fragte, ob er meinen Flyer schon gesehen hatte. „Wie sieht er denn aus?", fragte mich Herr Personalleiter. „Wenn er gut ist, ist er noch auf meinem Tisch, wenn er schlecht ist, habe ich ihn in meinen Rundordner, sprich Mistkübel, geworfen."

Anscheinend hatte mein Tiefstatus-Flyer durch seine Außergewöhnlichkeit gepunktet, er lag tatsächlich auf seinem Schreibtisch. Ich bekam einen Termin, einen sofortigen größeren Auftrag und begleite dieses Unternehmen immer wieder seit Beginn meiner Unternehmensgründung.

Da war dann noch der Vorstand von Unternehmen A. Er rief mich an und befragte mich intensiv über meine vorherige Aufgabe. Zwei Tage nach dem ersten Telefonat lud er mich zu einem Termin ein. Er wusste von meinem ehemaligen Chef, dass ich deren Teams erfolgreich entwickelt, aufgebaut und im Keyaccount-Bereich verkaufsfit gemacht hatte.

Herr Vorstand hatte bei meinem damaligen Chef nachgefragt und mich aufgrund der Referenz zu diesem Kennenlerngespräch eingeladen. Unbekümmert und erfreut über den Termin fuhr ich zu diesem potenziellen neuen Kunden. Mit unserem Zweitauto, das ich sonst immer für die paar Kilometer zur Arbeit nutzte. Dieses Auto, das für mich ein Mittel zum Zweck war, war von „schön" so weit entfernt wie der Mars vom Mond – ein alter Opel Rekord in Orange. Oder noch besser beschrieben in Rost und Orange. Auf das Auto kommt es ja nicht an, sondern nur auf das, was ich kann, dachte ich zu diesem Zeitpunkt noch. Ich fuhr auf den Parkplatz des Unternehmens. Es war kein Kundenparkplatz und kein Mitarbeiterparkplatz frei. Nur mehr der Parkplatz des zweiten Vorstandes. Den nahm ich. Selbstverständlich, war ja frei. Gesagt, getan. Dann startete ich hoch in das Büro meines potenziellen Kunden.

Während des gesamten Gesprächs bemerkte ich seine Skepsis und machte in meiner Unsicherheit den größten Fehler, den man in so einem Fall machen kann: Weil er skeptisch wirkte, textete ich ihn zu. Ich redete und redete. Vor allem aber: Ich machte alles, wovon ich meinen Mitarbeitern stets erklärte, dass sie es *niemals* tun sollen.

Irgendwie kam es mir vor, als wäre ich in einem Film, in dem ich gleichzeitig mitspielte und zuschaute. Ich bekam den Vorstand nicht von seiner Skepsis weg. Ja, wie denn auch! Ich hatte ihn geradezu darin gefesselt und zusätzlich noch angenagelt. So plötzlich wie ein Wal, der aus dem Wasser taucht, schoss er mich an: "Ist das Ihr Auto auf unserem Vorstandsparkplatz"? Ich antwortete: „Ja." Er: "Nicht nur, dass Sie keine Berechtigung haben, auf diesem Parkplatz zu stehen, fahren Sie auch noch so eine alte Rostschüssel und wollen mir Erfolg verkaufen. Sie wollen mir verkaufen, dass Sie erfolgreich sind und erfolgreiche Teams aufgebaut haben? Wie soll ich Ihnen das abnehmen? Da nützt Ihnen die beste Referenz nichts. Und Ihr Outfit passt perfekt zum Auto."

Ich war zuerst sprachlos, dann keimten Wut, Trotz und ein Gedanke in mir: „Was für ein blödes, selbstgerechtes A...!" Irgendwie schaffte ich es trotz all dem Gefühlskrieg in mir, die Contenance zu wahren. Ich sagte: „Ich denke, ich bin nicht die richtige Beraterin für Sie und Sie nicht der richtige Kunde für mich. Vielen Dank für das Gespräch. Ich darf mich verabschieden." Im Auto überfielen mich Wut und Kränkung. Zuerst drehte ich eine Wutrunde, um abzukühlen. Anschließend fuhr ich nach Hause und erzählte meinem Mann von meinem Erlebnis. Er war natürlich sofort auf meiner Seite, was in diesem ersten Moment strategisch gut von ihm und eheüberlebenssichernd war.

In meiner Verzweiflung brauchte ich seine Zustimmung. Aber dann, nachdem ich meine Wunden geleckt hatte und nachdachte, war ich zwar mit meinem expotenziellen Kunden nicht versöhnt, ich hatte aber eingesehen und wirklich verstanden, dass er recht hatte. Natürlich hatte er recht!

Würde ich mich von einem Vermögensberater, der mit so einem Auto vorfuhr, zu einem Aktienkauf überreden lassen? Nein, der würde nicht mal über meine Türschwelle kommen.

So! Er hatte also recht, zugeben konnte ich es schon, verzeihen noch nicht. Denn die Art und Weise, wie er es mir gesagt hatte, fand ich total daneben. Das wäre vermutlich auch anders gegangen. Aber okay. Fisherman's-Friend-Status – bist du zu schwach, war der andere zu stark. Das musste ich eben aushalten. Ich hatte ein Learning abbekommen! Und letztendlich war es gut so. Die erste Watsche – oder, länderübergreifend formuliert, Status-Backpfeife – als Unternehmerin. Die hat gesessen.

Status-Definition – was Status für mich bedeutet

Dort, wo es Begegnungen gibt, ist er unvermeidlich – der soziale Status. Er lässt sich nicht verhindern und steht dir gegenüber. Auf Augenhöhe oder auch nicht. In der Soziologie wird Status als eine soziale Position innerhalb einer sozialen Struktur bezeichnet oder aber in Bezug auf eine soziale Rangordnung in einer Struktur oder in einem System. Ich möchte in diesem Buch den Begriff „Status" nicht zu sehr in sich differenzieren, denn Statusverhalten bzw. Statusspiele sind oft nicht trennbar von Machtverhalten und Machtspielen. Einfach übersetzt bedeutet „Status" nicht, was Sie gerade machen. Auf diese Idee könnte man angesichts der heutigen Social-Media-Aktivitäten schnell schließen. Obwohl der Ausdruck hier wohl nicht zufällig für die Meldungen gewählt wurde, was jemand gerade tut und es für wert hält, den anderen mitzuteilen. Bezeichnenderweise wird ja gerade auf Facebook, Instagram und Co viel geschummelt oder zumindest geschönt: „Ich befinde mich gerade auf meiner Yacht und esse Austern, während ich die gesammelten

Werke von Goethe genieße." „Status" bezeichnet aber ebenso nicht nur das, was Sie besitzen, sondern ist ein Bündel von äußeren und inneren Merkmalen, die zusammenspielen.

Der Status ermöglicht die gegenseitige Einschätzung der Kommunikationspartner. Dabei ist bei Kennenlerngesprächen vorerst mal der soziale und materielle Status interessant, der sehr schnell über vermeintlichen Small Talk erfragt wird. Was machen Sie beruflich? Wo leben Sie? Welche Schulen haben Sie besucht? Haus oder Wohnung? Und so geht es weiter, bis wir über die Automarke im schlimmsten Fall bei der Marke der Unterwäsche und des Deos angekommen sind.

Immer wieder fällt er mir auf, der Abklärungsversuch, auf welchem Status sich jemand befindet und gleichzeitig fällt mir auch der Prestigewunsch auf, der gerne darüber schwebt. Status und Prestige können Förderer sein. Karriereförderer. Status und Prestige sind für mich Bestandteile sozialer Systeme. Somit können diese sozialen Zuschreibungen aber auch nur einem bestimmten System zugeordnet sein, in einem anderen System könnten die gleichen Status- und Prestigemerkmale gar keine Relevanz haben.

Nehmen wir als Beispiel die Familie. Jemand genießt im Kreise seiner Familie einen hohen Status, ein hohes Ansehen, Autorität. Dieselbe Person ist in seinem Job als Hausmeister aber vielleicht in der sozialen Rangordnung frei von jeglichem Status und Prestige. Oder umgekehrt: Jemand ist der „Hero" in einem Unternehmen und zu Hause ist er der Ja-Sager, der es nicht schafft, sich durchzusetzen. Das ist das „Regelmäßige" an Status und an Prestige: diese Position kann sich verändern, sowohl zeitlich als auch hinsichtlich der verschiedenen sozialen Gruppen, in denen wir agieren. Die Managerin wird vielleicht beruflich als Koryphäe betrachtet, ist in der Mütterrunde aber – oft durchaus zu Unrecht – als „Rabenmutter" oder „Karrierefrau" stigmatisiert. Der beste Tennisspieler im Verein ist beruflich vielleicht nur der, der in jeder Sitzung Kaffee macht. Manchmal hat Status also seine Wirkungsfunktion und manchmal kratzt es niemanden. Status ist also demzufolge auch systemvariabel.

In Gruppen gibt es unterschiedliche Bewertungen zum Thema Status. Zum Beispiel kann eine Person von verschiedenen Personen auf einer Statusskala unterschiedlich bewertet werden. Nehmen Sie doch mal die Statusposition von Lehrern. Da hat sich einiges verändert. Ich bin im Jahr 1964 geboren. In meiner Schulzeit hatten Lehrer bei Schülern noch hohen Status.

Status hat viele Gesichter, viele Hintergründe, viele Facetten. Ich höre schon die Stimmen von manchen, die sagen: „Status ist mir egal." Doch das bezweifle ich. Denn jeder spielt damit und setzt ihn ein. Jeder ist permanent damit in Kontakt, ob er es will oder nicht. Es ist wie in einer Arena. Zwei Menschen stehen einander gegenüber, das Duell beginnt, das Spiel ist eröffnet. Jetzt kommt es darauf an, wer welche Spielzüge macht. Vielleicht ist manchen nicht bewusst, dass das Gerangel, in dem sie sich gerade befinden, Statusverhalten oder gar Statusspiel ist.

Ich spreche hier von zwei Formen von Status. Die erste Art betrifft den sozialen Status, also jene gesellschaftliche Position, die sich jemand erarbeitet hat oder in die er hineingeboren wurde. Die zweite Art von Status ist für mich das Status*verhalten*, das gerne als „Statusspiel" beschrieben wird. Statusverhalten tritt immer ein und ist immer wieder da. Sie können dagegen gar nichts tun. Statusverhalten ist die Art und Weise, wie Sie mit jemand in interagieren. Sie können im Statusverhalten im Moment tiefer oder höher liegen als die andere Person. Wir drücken unseren Status *immer* über unser Verhalten aus, in jedem Moment unseres Lebens, in jedem Moment einer Begegnung. Stellen Sie sich das bildlich wie bei Aufzügen vor, bei denen stets einer gerade hinauf und der andere hinunterfährt – genauso verhält es sich in einem Gespräch: Der Status des einen ist oben und der des anderen gesenkt. Der Status ist nie exakt gleich. Denken Sie nur an ein scheinbar kooperatives Gespräch mit einem Polizisten, der Sie angehalten hat. Auch wenn Sie meinen, mit diesem Polizisten ein sehr gutes Gespräch geführt zu haben, ist er dennoch derjenige, der am längeren Hebel sitzt, dessen Status und sein dazugehöriges Statusverhalten höher angelegt ist als Ihres.

Wir gestalten mit unserem Statusverhalten kommunikative Interaktionen. Wir machen dies vorwiegend mittels Stimme, Sprache, Körpersprache und Kleidung. Wobei Vorsicht an einem Punkt geboten ist: Wenn jemand permanent lispelt oder leise spricht, so kann man nicht von Statusverhalten, sondern von einem Dauerzustand sprechen. Statusverhalten steht immer *in einem bestimmten Vergleichsverhältnis zum Gesprächspartner in der momentanen Situation.*

Es geht übrigens nicht darum, dass Sie immer im Hochstatus agieren, sondern darum, für sich abzuwägen, ob Sie im Hochstatus oder Tiefstatus in der jeweiligen Situation mehr erreichen können. Wenn beide den gleichen Status haben, wie z.B. Tiefstatus, dann kann es sehr langatmig und zäh werden, spannender ist da schon Hochstatus. Doch wenn Sie genau überlegen, Hochstatus gegen Hochstatus kann auch nicht auf Dauer bestehen. Irgendeiner wird, um eine Lösung zu erzielen, ins Statusgefälle gehen müssen. Der Aufzug muss hinunterfahren.

Sie haben bestimmt schon politische Diskussionen im Fernsehen beobachtet und bemerkt, dass diese oft ohne Lösungen bleiben. Warum ist das so? Meine manchmal böse Zunge behauptet, dass dies so sein soll. So können Entscheidungen wunderbar hinausgeschoben werden und dem Volk kann vorgegaukelt werden, man würde sich um Entscheidungen bemühen und solche sogar zum Wohle des Volkes erkämpfen. Statusverhalten, Statusspiele der Erwachsenen!

Ein Mitarbeiter in einem Unternehmen bekommt eine Position als Führungskraft. Die Position schreibt ihm einen bestimmten Status zu. Ob er diesen Status mit Statuskompetenz erfüllen kann, steht auf einem vollkommen anderen Blatt. Hat er nur den Positionsrespekt oder gilt der Respekt und die Anerkennung auch seinem Statusverhalten?

Statusalarm

- ➔ Status ist unvermeidbar.
- ➔ Sozialer Status, Statusverhalten und Statussymbole ermöglichen uns eine Einschätzung von Kommunikationspartnern.
- ➔ Statussymbole können materiell und immateriell sein.
- ➔ In unterschiedlichen Kontexten kann jemand unterschiedlichen Status haben.
- ➔ Gruppenmitglieder bewerten ein und dieselbe Person oft unterschiedlich.
- ➔ Wir drücken unseren Status über unser Verhalten aus.
- ➔ Wir gestalten kommunikative Interaktionen z.B. mit Stimme, Sprache, Körpersprache.

Statussymbol „Position“

Wenn jemand Führungskraft wird, also aufgestiegen ist, bekommt er den öffentlichen Status „Führungskraft“ als Position. Position verleiht Status, Position verleiht Macht. Ob dieser Status „Führungskraft und Macht“ gehalten werden kann, steht auf einem anderen Blatt. Nicht überall, wo Führungskraft draufsteht, ist Führungskraft drin. Wenn eine Führungskraft keine oder die falschen Entscheidungen trifft, verliert sie bei Mitarbeitern und Mitarbeiterinnen den Status. Sie wird als führungsschwache Führungskraft, als ungeeignet und schwach wahrgenommen.

Jede Führungskraft muss sich ständig aufs Neue beweisen. Tag für Tag. Sie muss den informellen Status halten können, sie muss ihn verteidigen und leben können. Sie muss mit Statusschwankungen umgehen können. Wir teilen unseren Status jederzeit, bzw. jeden Moment unseres Lebens, und wirken mit. Status beschreibt eine bestimmte Form und eine bestimmte Qualität in einer Beziehung oder Gesprächsbeziehung.

Status ist nicht statisch. Ich kann meinen Status gezielt einsetzen. Während ich darauf achten kann, dass – weil gerade erforderlich – mein Status in einer Verhandlung hoch ist, könnte ich bei einer polizeilichen Verkehrskontrolle überlegen, ob es nicht doch eher Sinn ergeben würde, bei dem Polizisten im Tiefstatus zu bleiben, damit er kein Strafmandat schreibt. Status ist ein Angebot, das ich annehmen kann oder nicht. Ich kann entscheiden, ob ich der anderen Person ihren Hochstatus lasse oder ob ich Anspruch auf Hochstatus erheben will. Vielleicht will ich aber auch den anderen in den Tiefstatus bringen oder ich wechsle selbst in den Tiefstatus, weil es in der Situation zielführender ist. Sie sehen also: Alles ist möglich und definitiv ist nur: nix ist fix!

Status drückt sich durch unterschiedliche Statusvarianten aus. Er wird über Statussymbole gezeigt, über Mimik, Gestik, Körpersprache, über Stimme, sprachlichen Ausdruck und über das Gesamtverhalten. Im Status finden wir das Geheimnis manches Menschen. Das, was sie sind, oder das, was sie sein wollen. Darin bilden sich Sehnsüchte, Identitäten, Wünsche, Glaubenssätze und das Selbstbild ab. Das Statusverhalten gibt viel über eine Person preis. Wir müssen unseren Status immer wieder aufs Neue beweisen, erkämpfen oder ausverhandeln.

Statusalarm

- ➔ Eine Position, z.B. eine führende, verleiht Status und Macht – Positionsmacht/-status.
- ➔ Status ist nicht statisch. Er ist flexibel.
- ➔ Hoch- oder Tiefstatus kann bewusst je nach Situation eingesetzt werden.
- ➔ Im Status finden wir oft das, was der Mensch sein möchte und auch was er ist.
- ➔ Statusverhalten gibt einen Teil unserer Persönlichkeit preis.

Für mein zweites Buch – „Mein Wille geschehe, Macht und Manipulation entschlüsseln“, im Jahr 2017 bei Goldegg erschienen – machte ich eine persönliche Umfrage. Ich fragte Menschen unterschiedlicher Zielgruppen: „Wie manipulieren Sie andere Menschen?“ Raten Sie mal, was ich von vielen Befragten zur Antwort bekam: „Ich manipuliere doch niemanden!“ Genauso, wie viele nicht zugeben wollen, dass sie ständig manipulieren, wollen Menschen auch nicht zugeben oder sind sich dessen nicht bewusst, dass Statusverhalten und Statussymbole zu ihrem Leben gehören. Ist das denn so verwerflich?

Auf die Fragen: „Welche Statussymbole haben Sie um sich? Oder wie wichtig ist Ihnen sozialer Status?“ bekam ich Antworten wie: „Statussymbole sind mir egal.“ „Über Status stehe ich darüber.“ „Status berührt mich nicht.“ „Status haben nur die Reichen.“ „Status haben nur die Schlauen.“ Viele, die eine schlechte Kindheit und eine schwere Vergangenheit hatten, schauen den anderen beim Leben im Hochstatus zu. Und es gab natürlich auch die Menschen, die mir sagten, Statussymboliken „stehen für das, was ich bin oder auch sein möchte“ bzw. „bei Statusspielen sollte man sich auskennen, sonst bleibt man über“.

Anscheinend ist die Aussage „Status und Statussymbole brauche ich nicht“ einerseits selbst zu einem Statussymbol geworden – man „steht darüber“ – oder wird andererseits auch von Menschen verwendet, die sich das, was sie unter Status verstehen, nicht leisten können. Manchen Menschen ist ihr Status tatsächlich egal, aber viele tun nur so, als wäre er das. Wer einen Traum verfolgt oder ein Ziel hat, das mit Status und Statussymbolen zu tun hat, und dieses Ziel erreichen oder dieses Symbol besitzen will, für den ist es kontraproduktiv, auf andere neidisch zu sein und sie abzuwerten. Produktiver wäre es für diese Menschen, darüber nachzudenken, ob sie nicht doch das eine oder das andere, das ihnen erstrebenswert erscheint, erreichen könnten, wenn sie mehr oder überhaupt etwas dafür tun würden. Wie immer im Leben gilt: Von nichts kommt nichts!

Ich spreche hier nicht nur von sozialem Status und Statusverhalten, sondern auch von Statussymbolen. Diese können materieller, aber auch immaterieller Natur sein. Mit Statussymbolen lässt sich natürlich Wohlstand hervorragend darstellen. Man zeigt, was man sich leisten kann, was man sich erarbeitet hat. Diese Statussymboliken werden von den jeweiligen sozialen Gruppen definiert, die für einen bestimmten Lebensstandard bzw. Lifestyle stehen. Natürlich sind das oft die älteren, reiferen und im Beruf sehr erfolgreichen Menschen, die sich mit Luxusstatussymbolen umgeben, die sie sich auch selbst erarbeitet haben. Ja, gut, da ist dann schon der eine oder andere Sohn und die eine oder andere Tochter dabei, die sich der Errungenschaften ihrer Eltern erfreuen und sich dieser brüsten. Und wenn wir gerade dabei sind, darf man sich auch über jede Menge „Hater" und Neider erfreuen. Hater oder Neider scheinen geradezu eine unumgängliche Begleiterscheinung der Social-Media-Welt des 21. Jahrhunderts geworden zu sein, die unterstreicht, welchen Selbstwert-Status-quo sie möglicherweise haben. Nach dem Motto „Neid muss man sich verdienen, Mitleid bekommt man geschenkt" erscheint es mir so, dass es zum Statussymbol wird, Neider zu haben. Ähnlich wie bei Fans – nur umgekehrt.

Statussymbole sind Zeichen für Selbstbestätigung, aber auch für den Wunsch nach Anerkennung von anderen oder manchmal ein Art Selbstverleugnung – ein Übertünchen davon, was man in Wirklichkeit ist und was man eigentlich unbedingt sein möchte. Luxusstatussymbole sind meist mit Geld verbunden und das muss man im Allgemeinen erst verdienen.

Der Fall „Niki Lauda und Conchita ist es Wurst“ – Status hat jeder

Status hat für jeden eine individuelle Bedeutung. Niki Lauda war mit roter Kappe auf dem Opernball, eigentlich Knigge- und Dresscode-Bruch. Egal, er war Niki Lauda und hat sich Ansehen und Status erarbeitet. Wenn er zu einer Veranstaltung kam, war das für die Veranstaltung „Hochstatus“, also ein Highlight.

Die Gewinnerin/der Gewinner des Eurovision Song Contests 2014, Conchita Wurst (Tom Neuwirth), wagte ebenso den Knigge- und Dress-Codebruch. Irgendwie zumindest. Beim Opernball in Wien trat Conchita kahlköpfig im hautengen weißen Designerkleid fast oberkörperfrei mit behaarter männlicher Brust und Vollbart auf. Dafür erntete Conchita nicht von jedem Lorbeeren und musste viel Kritik einstecken. Conchita hat natürlich internationalen Status. Den hat sie/er sich hart ersungen und mit konsequent durchgehaltenem, besonderem Look hart erkämpft. Was uns aber wieder deutlich macht: Status definiert sich in bestimmten Statusgruppen.

In diesem Zusammenhang stelle ich mir die Frage: Ist Status auch ein Zeichen für eine Form von sozialer Erwünschtheit? Aber natürlich! Denn Statussymbole werden immer von und durch soziale Gruppierungen definiert. Und es kommt auf die Gesinnung und den Nutzen und Zweck der jeweiligen Gruppe an. Ist diese Gruppierung auf Umweltschutz ausgerichtet, bekommen Sie natürlich soziale Anerkennung dafür, dass Sie mit dem Fahrrad zur Arbeit fahren und Ihre Wäsche mit selbstgewonnener Kastaniensaponine waschen. So bekommen Sie in der dieser Gruppe den als immateriell zu betrachtenden „sozial erwünschten Status“.

Unsere Gesellschaft ist ein hochkomplexes System. Es ist weitgehend hierarchisch organisiert. In der einen oder anderen Gruppierung ist der materielle Wert der tragende Wert. Wenn jemand die Automarke für die entsprechend Gruppierung fährt, *ist er dabei.* Trägt jemand die richtige Kleidermarke, *ist er dabei,* besucht die Person die richtigen Lokale, umgibt sich mit den richtigen Menschen, dann *ist sie dabei.* Auch in Unternehmen ist materieller Status immer wieder ein Thema. Wer bekommt das größere und bessere Büro, das neueste Handy, den 5er-BMW als Firmenwagen?

Es gibt Menschen, denen materieller Status alles bedeutet. Sie tun alles, um sich diese Wünsche und Träume zu erfüllen. Das Leben ist ausgerichtet auf Statussymbole. Und anderen ist der materielle Status wiederum vollkommen egal oder sie sehen vielleicht einfach keine Möglichkeit, ihn jemals zu erreichen. Möglicherweise suchen sich diese Menschen dann soziale Gruppierungen, wo sie sich über ideellen Status definieren können. Und manche interessiert scheinbar das eine und auch das andere nicht. Doch worum auch diese Menschen nicht herumkommen, ist das Statusverhalten oder das sogenannte Statusspiel.

Manche üben sich in unglaubwürdiger Souveränität – „Ich brauche Status nicht!“ oder „Wer inneren Status hat, braucht keine Statussymbole“ sind die Aussagen. Schön, diese Souveränität. Aber: Wenn jemand inneren Status hat, darf er ihn deswegen nicht nach außen transportieren? Eine Person, die eine gewisse gesellschaftliche Position innehat, hat etwas für ihren Status getan, hat sich Status erarbeitet, und wenn ihr ein Statussymbol gefällt oder sie sich sogar mit Statussymbolen zuschütten möchte, dann kann sie das auch tun. Jemand, der inneren Status hat, kann sich souverän zurücklehnen und genauso souverän entscheiden, ob er ihn für sich behält, Understatement betreibt, sich das eine oder andere Statussymbol zulegt oder sich damit schmückt wie einen Weihnachtsbaum in Disneyland. Was dabei wichtig ist, ist diesen materiellen Status für sich selbst zu genießen und sich einfach daran zu erfreuen. Es ist nicht nötig, sich arrogant und verächtlich über andere zu erheben, denen ihre Luxusuhr oder das Eckbüro besonders wichtig sind. Denn jeder von uns hat soziale Verantwortung – in jeder Begegnung!

Und nun lassen wir das Tarnen und Täuschen, das Verdecken, das Verstecken. Wer gerne mehr Status hätte, der muss eben etwas tun. Und sich nicht auf die Couch der Bequemlichkeit zurücklehnen und so zu tun, als würde ihn das nicht interessieren. Nicht umsonst boomen die Outlet-Center oder die verbotenen Stände und Hinterzimmer auf türkischen Märkten mit den Marken-Fakes. Ich habe Menschen aus der „Society" kennengelernt, die hinter vorgehaltener Hand von „exzellenten Fakes" sprechen, die sie in „Hinterzimmern" erstanden haben, damit auf Society-Events herumstolzieren und so tun, als wäre das Täschchen echt.

Und übrigens: Ich bin ein großer Fan der Statussymbole: Bildung und Weiterentwicklung!

Muss ich mich verbiegen?

Wenn ich über das Thema „Statusverhalten und Statussymbole" schreibe, muss ich mit Stimmen rechnen, die sagen oder fragen: „Ich will mich nicht verbiegen müssen" oder „Muss ich mich verbiegen?"

Nun, es ist immer die Frage, was ich erreichen möchte, ob ich das Portfolio an Kommunikationstechniken ausschöpfen möchte oder nicht. Denn Statusverhalten ist eine Kommunikationsmöglichkeit und somit eine Möglichkeit, seine Ziele zu erreichen. Ist es wirklich „verbiegen", wenn ich mein Verhalten, das ich in manchen Situationen, die nicht besonders erfolgreich verliefen, evaluiere und mir überlege, ob ich mit Tiefstatus oder Hochstatus weiterkommen würde? „Mich verbiegen“ bedeutet, dass ich mich ständig, auf Dauer oder über einen langen Zeitraum „verbiege“ und ein Verhalten zeige oder etwas mache, was ich nicht möchte.

Statusverhalten, z.B. den Wechsel zwischen Tief- und Hochstatus, sehe ich situationsabhängig und flexibel. Tiefstatus bedeutet nicht, die größte Trantüte der Welt zu sein, und Hochstatus einzunehmen hat vor allem – zumindest für mich – mit Beibehaltung von Respekt zu tun. Man kann Hochstatus durchaus mit Klasse und Stil hinlegen und es hat auch nicht zwangsläufig etwas mit – sorry – Arschlochverhalten zu tun. (Anmerkung: Ich hasse die Fäkalsprache und Schimpfwörter, manchmal kann man etwas aber nicht besser auf den Punkt bringen.)

Wenn sich ein Mensch verbiegt, macht er das ständig. Das ist meist ein länger anhaltender Zustand. Ich verbiege mich am Arbeitsplatz dauernd für meine Vorgesetzten, tue etwas, was ich eigentlich nicht möchte und kann deswegen kaum mehr in den Spiegel schauen. Ich verbiege mich langfristig, damit ich genauso langfristig den Job nicht verliere. Das ist „verbiegen“ und das ist wirklich nicht gesund. Niemand sollte sich verbiegen müssen. Alles andere bedeutet, situationsbedingt auf ein Ereignis zu reagieren. Das ordne ich unter „Statusflexibilität“ ein.

Der Fall „Naomi und der Trottel“ – sich des Status bewusst werden

Naomi suchte mich für ein Coaching auf. Der Auftrag: Wie schaffe ich es, mich nicht mehr zu verbiegen, sondern das zu tun, zu dem ich stehen möchte? Naomi erzählte mir, dass Sie für Ihren Chef „den Trottel“ gibt, ständig lügen muss. Ihr Chef verlangte von ihr, dass sie seine Frau anlog, Termine für Besprechungen eintrug, die eigentlich keine Bespre-

chungen, sondern Dates waren. Er zwang sie, seine Chefs, Kunden oder Lieferanten zu belügen. In ihrem Frust schaffte sie es nicht mehr, von ihrem Vorgesetzten oder Chef zu sprechen, sondern er war für sie nur mehr „der Trottel". Anscheinend tat ihr diese Formulierung gut. Sie musste für ihn nicht nur lügen, sondern ganze Lügenkonstrukte erzählen, organisieren und aufrechterhalten. Und das schon über zwei Jahre, seit sie „den Trottel" als Main Assistent unterstützte.

Naomi musste nicht für das Unternehmen lügen, sondern für die Ehefrau ihres Vorgesetzten. „Der Trottel" hatte nämlich mehrere Geliebte und Naomi, die mit einer Frau verheiratet war, kam ihm als Alibi nur allzu recht. Ihr Vorgesetzter war häufig auf Geschäftsreisen und hatte fast in jedem größeren Ort seine Geliebten. Er machte an nicht erkennbar fotografierten Plätzen im Büro, im Freien oder auf dem Flughafen, zu dem Naomi ihn stets chauffieren musste, Selfies mit ihr. Diese sendete er an seine Frau, wann immer er es wollte und brauchte. Seine Frau war beruhigt, denn Naomi war ja dabei. Da konnte sich der Herr Gemahl wohl nichts leisten.

Naomis Chef verwickelte sie zunehmend in Lügenkonstrukte und Naomi, die schon immer darunter litt und dazu noch fürchtete, dass er seine Drohung, sie zu kündigen, wahrmachen würde, hatte nun richtig „die Nase voll". Das, was ihr Chef mit ihr machte, war nicht nur Status- und Machtspiel, sondern definitiv Machtmissbrauch und Erpressung.

Naomi schwankte in unserem ersten Coaching zwischen der Entscheidung, selbst zu kündigen oder dem Vorgesetzten den Kampf anzusagen und sich gegebenenfalls versetzen zu lassen.

Sie entschied sich schließlich, die Personalabteilung, den Betriebsrat sowie die Vorstände des Unternehmens einzuweihen und hatte damit Erfolg auf allen Linien.

Naomis Vorgesetzter wurde mit Pauken und Trompeten entlassen, Naomi bekam einen neuen, sehr angenehmen Vorgesetzten und ist heute, ein paar Jahre später, selbst in eine Führungsrolle aufgestiegen. Ende gut, alles gut!

Was war passiert? Naomi war in einem Status- und Machtspiel gefangen. Ihr Chef setzte sie unter Druck, spielte exzellent mit Macht und Status und schaffte es über einen langen Zeitraum, sie mit Drohungen und emotionaler Erpressung zu Dingen zu bringen, die sie nicht tun wollte. Die Angst war ihr täglicher Begleiter.

Statusalarm

- ➔ Werden Sie sich Ihres Statusverhaltens bewusst.
- ➔ Überlegen Sie, welche Statuswirkung Sie im Kontext Ihrer Rollen und Positionen nach außen repräsentieren.
- ➔ Setzen Sie Hoch- und Tiefstatus flexibel ein, um Ihr Ziel zu erreichen.
- ➔ Verbiegen ist ein länger andauernder Zustand. Verbiegen ist etwas Unfreiwilliges und Gewaltsames.
- ➔ Deshalb: Verbiegen Sie sich nicht, lernen Sie, flexibel zu agieren.
- ➔ Vergrößern Sie täglich die Anzahl Ihrer Möglichkeiten.

Das Statusspiel – willkommen im Prestige-Theater

Das Statusspiel bzw. die Auseinandersetzung mit dem Status kommt ursprünglich von Keith Johnstone. Er war Schauspieler, Dramaturg und Regisseur am Royal-Court-Theater in London. Inspiriert vom Verhaltensforscher Desmond Morris begann Keith Johnstones Geschichten so zu inszenieren, dass ihre Handlung von Dominanz und Unterwerfung geprägt war, und ließ die Schauspieler die Statusrollen wechseln. Der Wechsel von Hochstatus und Tiefstatus gibt einem Theaterstück die notwendige Spannung. Ohne Statusspiel kein spannendes Erlebnis!

In der Ausbildung zum Schauspieler ist das Spielen mit dem Status eine weit verbreitete Methode. Als Statusexperte, meinte Keith Johnstone, kann man sein Tun und Handeln, also sein Verhalten, jederzeit flexibel anpassen.

Status ist ständig um uns, er ummantelt und umzingelt uns, er zwingt uns zum Handeln, bringt uns in eine gute oder schlechte Position. Er betont oder definiert unsere wahrgenommene Stellung in der Gesellschaft. Wenn wir seine Mechanismen nicht erkennen, macht er mit uns, was er will. Kennen wir seine Mechanismen und Gesetzmäßigkeiten, ermöglicht uns Status flexibler, handlungsfähiger und erfolgreicher zu agieren.

Unsere Begegnungen und deren Wirkung auf Menschen haben vorerst mit der optischen, also dem äußeren, Status zu tun.

Menschen, die sich im Hochstatus befinden, machen ruhige Bewegungen und nehmen viel Raum ein. Sie agieren mit großen, offenen, einladenden Gesten. Menschen, die sich im Tiefstatus befinden, machen kleine, fahrige Bewegungen, sind unruhig. Mit unserem Statusverhalten transportieren wir Überlegenheit oder Unterlegenheit.

Status hat außerdem mit Werten zu tun. Genauso aber mit Rangdenken, mit Einfluss, Selbstwert und Selbstbewusstsein. Statusverhalten und Statuskompetenz sind immer noch ein Tabu. Man tut es, spricht es aber nicht gerne aus. Es kann aber erfolgsfördernd sein, wenn ich weiß, wann ich hoch oder tief spielen muss.

Der Fall „Barack Obama" – perfektes Statusspiel

Vielleicht erinnern Sie sich daran, wie Barack Obama mit seiner Frau Michelle Obama den ersten Amtsbesuch nach seinem Wahlsieg bei Georg W. Bush im Weißen Haus machte. Der gerade frisch gewählte Barack montierte George W. Busch nur mit einer einzigen Geste aus einem Begrüßungsritual ab.

Wenn Sie ein entsprechendes Foto betrachten, sehen Sie von Ihnen aus auf der linken Seite Barack und rechts Michelle Obama. Barack Obama legte seine Hand auf den Oberarm von Busch und zeigte so Hochstatus. Er deckte damit den Körper von Bush ab und brachte sich mit Statuspräsenz in den Vordergrund. Seine Hand an Bushs Arm wirkte beinahe gönnerhaft. Der designierte Obama und der noch amtierende Präsident Bush gingen zum Haupteingang des Weißen Hauses. Obama wies Bush durch richtungsorientiertes Hochheben seiner Hand den Weg ins Weiße Haus und ließ ihn vor sich eintreten. Damit enthob er Busch seiner Gastgeberrolle und Bush ließ es mit sich geschehen. „The last man is the winner." So war es! Obama war Statussieger.

Was war passiert? Rein formell bekleidete Obama damals als designierter Präsident gegenüber dem noch amtierenden Präsidenten den niedrigeren Rang. Dennoch spielte er hoch und perfekt das Statusspiel, ohne dabei großspurig und arrogant zu wirken. Barack Obama hat mit seinem Hochstatus-Verhalten seiner Person mehr Bedeutung verliehen, bzw. hat er Bush ein paar Zentimeter Status abgesägt.

Der Fall „Nicht mit Vladimir" – Positionsmacht pur

Ein vollkommen anderes Szenario spielte sich beim Staatsbesuch von Barack Obama bei Vladimir Putin ab. Obama war zum „diplomatischen" Frühstück bei Putin geladen. Das Frühstück fand auf der Terrasse statt. Obama kam aus dem Haus, dicht gefolgt von Vladimir Putin. Obama ging vor und wies dem hinter ihm gehenden Putin mitsamt Gefolge durch eine Bewegung der Hand den Weg. Doch diese Statusrechnung hatte er ohne Putin gemacht. Putin schoss wie eine Rakete hinter ihm vor, überholte ihn und wies Obama mit einer dynamischen und gleichzeitig harten Geste den Weg zum Ort des Geschehens. Hochstatus für Putin.

Manche Menschen befinden sich im Hochstatus, ohne eine entsprechende Position zu haben. Dieser Status zeigt sich dann vorrangig durch das allgemeine Statusverhalten einer Person. Hat sie eine hohe gesellschaftliche Position bzw. Stellung in einer Hierarchie inne, so spricht man von „Positionsmacht". Ein bestimmter Status ist durch die Position vorgeformt. Die Person, die Positionsmacht innehat, kann einer anderen zum Beispiel Weisungen erteilen und ein bestimmtes Handeln vorgeben – ganz unabhängig davon, ob die Qualifikation und Kompetenz tatsächlich gegeben ist oder die Anweisung die richtige ist.

Allerdings bedeutet das noch nicht, dass jemand seinen inneren Status der Position angleichen kann. Eine hohe Position ist also mit Macht und Einfluss verbunden. Hierarchie und Status sind aber noch keine Garanten dafür, dass eine Person ihre Position auch mit dem entsprechenden erwarteten Verhalten erfüllen kann. Die Erwartung, die ein Mitarbeiter an eine Führungskraft hat, ist die, dass die Führungskraft ihre Position auch tatsächlich einnimmt. Und zwar so, dass ein klarer Arbeitsrahmen gestaltet wird, in dem sich die

Mitarbeiter bewegen können, wissen, was wie zu tun ist und gefördert und gefordert werden können.

In der Positionsmacht verbirgt sich allerdings nicht nur die Macht, anderen Weisungen zu erteilen, sondern auch die Macht, zu belohnen und zu bestrafen. Und nicht nur das – Belohnungsmacht wird sehr oft als positive Verstärkung oder als Motivations- und Lockmittel eingesetzt. Die Person, die sich in der Machtposition befindet, verteilt nach ihrem Ermessen Belohnungen, die zum Beispiel von Mitarbeitern als begehrens- oder wünschenswert angesehen werden. In der Bestrafungsmacht sollen Lerneffekte das Ziel sein. Die Person soll etwas nicht, anders oder besser machen. Sanktionen der Bestrafungsmacht können z.B. Abmahnungen, Versetzungen, aber auch ein Ignorieren oder Druckausüben sein. Im Fall Naomi, den ich vorhin beschrieben habe, bedrohte sie ihr Chef immer wieder mit Kündigung oder Versetzung in eine Abteilung, in der sie ihre Qualifikation nicht hätte einsetzen können.

Es gibt viele unterschiedliche Machtformen. Als nennenswert empfinde ich im Zusammenhang mit dem Status noch die Persönlichkeitsmacht, Informationsmacht und Expertenmacht. Die Informationsmacht ist eine, die oft drastisch eingesetzt wird. Relevante Informationen werden zurückgehalten, falsche Informationen zum nicht noblen Zweck weitergegeben. Die Informationsmacht wird sehr häufig als Spielzug im Machtgefüge eingesetzt. Eine Information zu haben, die der andere nicht hat oder dringend braucht, kann schon Machtgefühl hervorrufen. So etwas kommt in Unternehmen als gängiges Machtspiel vor. Den anderen „ausbluten“ zu lassen, ist die Devise. Wenn jemand eine Information benötigt und der andere diese zurückhält, kann ein Fehler passieren oder ein Projekt blockiert werden. Der Informationszurückhalter setzt diese Methode genau zu diesem Zweck ein.

Eine Machtform, die zunehmend bedeutender wird, ist die Expertenmacht. Expertenwissen wird immer wertvoller.

Ebenso ist das Spiel mit der Beziehung bei dem Ringen um Status oft im Einsatz. Wenn du das tust, was ich will, dann ist in unserer „Beziehung" alles okay. Wenn nicht, hat das Auswirkungen auf Zu- und Abwendung.

Die Persönlichkeitsmacht braucht zum Beispiel ebenso jemanden, der Positionsmacht hat. Ein Mitarbeiter steigt in der Hierarchie auf. Er wird vom Kollegen zum Abteilungsleiter. In dieser Funktion bekommt er also Positionsmacht, die mit bestimmten Möglichkeiten des Wirkens ausgestattet ist. Nun passiert plötzlich im bisher reibungslosen Berufsalltag nicht mehr das, was die Führungskraft will. Die Führungskraft besitzt die Positionsmacht, um Sanktionen durchzuführen. Um diese Positionsmacht allerdings zu nützen und Sanktionen umzusetzen, braucht es auch eine gehörige Portion Mut, genauso wie Entschiedenheit, Durchsetzungskraft und Konfliktlösungskompetenz. Der bisherige Kollege muss nun zum Beispiel dem immer zu spät kommenden Mitarbeiter, dem er nun hierarchisch vorgesetzt ist, deutliche Worte sagen, um ihm klarzumachen, dass es so nicht weitergehen kann.

Statusbasis Macht

Wenn wir uns in der Interaktion mit anderen erleben und orientieren, passiert das in zwei Dimensionen oder Ebenen. Eine Ebene ist Macht und die andere Ebene der Status. Macht und Status sind schwierig zu trennen. Macht vermischt sich oft mit Status und auch Status vermischt sich oft mit Macht. Wer das Status- und Machtspiel nicht kennt oder verleugnet, wird langfristig betrachtet entmachtet, machtarm oder machtlos.

Mut und Macht

Machtlose und Machtarme, Machtverleugner oder Ohnmächtige erkennen Sie bestimmt sofort. Sie halten sich für die „Guten" und verleugnen, dass sie Macht anwenden bzw. lehnen Macht ab. Manche Menschen haben enorme Angst, an Macht auch nur anzustreifen. Sie fürchten sich davor, Macht auszuüben oder als Mittel zur Erreichung ihrer Lebensziele einzusetzen. Macht wird negativ besetzt, Macht ist böse. Aus meiner Sicht ist Macht im Grundsätzlichen nicht böse. Sie ist neutral. Entscheidend sind der Mensch und die Art und Weise, wie er sie anwendet. Machtvoll zu sein bedeutet nicht automatisch, sich wie eine Körperöffnung auf der Rückseite des Menschen zu verhalten. Jeder hat die Wahl, jeder entscheidet, wie er an das Thema „Macht" herangeht bzw. wie er damit umgeht. Jeder entscheidet darüber, wie machtängstlich, machtlos, machthabend oder machtvoll er sein möchte.

Jeder hat Macht. Wenn Sie meinen, Sie hätten keine Macht, dann denken Sie an Ihren Alltag. Überlegen Sie, wie und wo Sie Macht ausüben und in welcher Form Sie das tun. Eltern üben Macht auf Kinder aus, wenn Ihre Kommunikationsfähigkeit nicht mehr ausreicht – und es funktioniert. Mit dem Druckmittel Erpressung: „Wenn du nicht das tust, was ich dir sage, kannst du das Kino vergessen." Auch in der Partnerschaft werden diese Spiele gespielt: „Verhalte dich so, wie ich das möchte, dann bekommst du vielleicht, was du willst." Im Berufsleben: „Machen Sie das so, wie ich es gesagt habe, sonst wird es in Zukunft ein anderer tun." Die Frage ist, ob ich die mir zur Verfügung stehende Möglichkeiten in Form von Machtausübung missbrauche oder mit kommunikativer Kompetenz erreiche, was ich möchte. Das bedeutet, dass ich das Arbeiten an der kommunikativen Kompetenz zur Erreichung meiner Ziele und kooperatives Verhalten in den Fokus stellen möchte.

Es ist wichtig, zuerst überhaupt zu erkennen, was die eigenen Machtgebiete sind, um diese maß- und verantwortungsvoll zu nutzen und für sich einzusetzen. Doch viele Menschen haben Angst davor, denn wenn sie Macht einsetzen würden, müssten sie etwas tun, wenn sie dagegen der Macht fernbleiben, haben sie es komfortabel. Der Macht fernbleiben bedeutet: Es gibt keine Aktion. Sie können dann auf der Couch der Machtlosigkeit sitzen bleiben und darüber heulen und sinnieren, warum immer gerade sie zum Opfer der „mächtigen anderen" werden. Sie übernehmen keine Verantwortung und machen zwar innerlich vielleicht protestierend, aber ohne äußeren Widerstand weiter, was andere von ihnen verlangen.

Niemand stellt diese Menschen in die zweite Reihe. Sie machen das schon selbst. Sie geben sich den anderen hin und verzichten auf ihre Bedürfnisse, Wünsche oder Ziele und verlieren ihr persönliches Lebensprofil. Und dabei geht es nicht um Machtübernahme, sondern um den Anspruch an die eigene Macht. Den Anspruch daran, sie zu nehmen und mit Machtkompetenz einzusetzen. Das spaltet natürlich auch die Karriere- und Berufswege. Die einen nehmen sich einfach, was sie wollen, und die anderen sehen nur zu. Dabei könnte es einfach ein Teil der persönlichen Entwicklung sein, das eigene Machtpotenzial zu erkennen und auszuschöpfen. Jemand, der keine Machtkompetenz entwickelt, droht unterzugehen wie die Titanic, er überlässt anderen die besseren Plätze. Wer sein Machtpotenzial nicht nutzt, nutzt auch sein Potenzial im Leben nicht.

Unsere Businesswelt hat in den letzten zwanzig Jahren rasant an Geschwindigkeit aufgenommen. Ständige Innovationen, Veränderung von Märkten und Gegebenheiten führen dazu, dass Menschen zwar mehr technische Unterstützung, aber deshalb nicht weniger Druck haben. Im Gegenteil, der Druck verdreifacht sich. Der Wind weht oft rauer. Nun hat ja das Thema „Macht" auch etwas mit dem eigenen Wertesystem zu tun. Dies kollidiert oft mit den Wertewelten im Beruf. Nämlich dann, wenn ich es nicht gewohnt bin, mich gegen Macht zu wehren oder Machtkompetenz und Beeinflussung für mich oder meine Anliegen einzusetzen. Und wenn ich mich nicht aus meinem Nest hinauswage und nicht über den Nestrand schaue, die Machtwelt, die mich umgibt, bewusst kennenlerne und Machtkompetenz entwickle, führt dies zum Aufgeben, zur Frustration und Demotivation. Ich blockiere meine Machtentwicklung zur Machtkompetenz selbst.

Machtarme Menschen krallen sich gern am Regelwerk fest. Sie beharren auf althergebrachten Regeln und Prozessen, die ihnen das Arbeitsleben nicht mehr erleichtern, aber ihnen den Platz auf der schon öfter genannten Couch der Machtlosigkeit sichert. Dazu tragen sie noch ein paar Ängstlichkeitspuschen und den Jammerpyjama. Sie machen

„Dienst nach Vorschrift“, teils motiviert, aber nur solange sich nichts ändert und sie nicht aus dem eigenen Schatten treten müssen. Und nun stellen Sie sich dieses Szenario mal in Rudeln, bzw. Teams, vor. Wie förderlich ist dieses Verhalten für Leistung und Erfolg der gesamten Gruppe? Nur einer mit dieser Haltung und Einstellung kann eine ganze Gruppe runterziehen, wenn man es zulässt. Spannenderweise erlebe ich es oft in Organisationen, dass genau dieser Menschentypus „offiziell“ in Ruhe gelassen wird, er darf jammern und es sich bequem machen. Warum, fragen Sie? Weil mancher es so gut und manipulativ macht, dass es der andere nicht merkt oder manchmal auch nicht merken will.

Wut und Macht

Wut ist ein zutiefst menschliches Gefühl. Jeder kennt das Gefühl, jeder hat es. Doch nicht jeder Mensch, der ärgerlich oder wütend ist, drückt dies auch aus.

Machtarme Menschen tun dies meist untereinander in ihrem eigenen Gruppengefüge am Arbeitsplatz oder bei Freunden. Einfach gesprochen: Man lästert über den unfähigen Chef, die nörgelnde Ehefrau, die hochnäsige Kollegin, die dummen Politiker. Sie trauen sich nicht in einen offenen Konflikt und scheuen davor zurück, ihre Meinung deutlich zu vertreten. Lieber nichts sagen, dann kann nichts passieren. Natürlich deponieren sie ihren Ärger oder ihre Wut nicht direkt und nicht in den hohen Hierarchien. Wer sagt seinem Chef schon, dass es bessere Entscheidungen gegeben hätte? Sie machen sich nur in privater Umgebung Luft. Machtarme und machtlose Menschen sind Reglementierungen ausgesetzt. Und zwar meistens den eigenen oder jenen der anderen, die sie nicht infrage stellen. Es gibt Menschen, die würden gerne etwas beeinflussen oder ändern, sehen dazu aber keinen Weg. Und es gibt Menschen, die gar nichts ändern wollen und gerne weiterjammern wollen, weil es irgendwie ja „eh ganz okay“ ist und man sich so nicht über die Maßen engagieren muss.

Ich beschränke mich bei meinen Ausführungen übrigens auf unseren deutschsprachigen Raum. Bei uns dient die Wut dem Frustabbau, während es in Japan zum Beispiel ein Privileg ist, Wut zu zeigen, wie mir ein japanischer Klient erklärte. Wenn du dich in eine bestimmte Position hochgearbeitet hast, dann darfst du auch sichtbar wütend sein, wenn du in einer unteren Position bist, dann hast du dich zu kontrollieren und deine Emotion unter einem sozialen Lächeln zu verbergen.

Machtkompetenz – Ziele konsequent verfolgen

Machtkompetente Menschen tragen weniger Wut in sich. Sie haben Mittel und Wege gefunden, ihre Ziele zu erreichen.

Machtkompetente und Machtdiebe, also Menschen, die anderen die Macht strittig machen oder abtragen, kommen voran und lahme Gruppierungen, die sich scheinbar willenlos hingeben, bleiben über. Dabei wäre der Wille, Macht zu übernehmen, bei vielen da, er liegt nur auf der Couch herum und wartet auf Mut und Kraft. Er wäre aktivierbar, doch es mangelt an der persönlichen Weiterbildung. Wer seinen Status erhöhen und in Begegnungen punkten möchte, benötigt Wissen und Bildung. Diese fliegen uns gewöhnlich nicht zu, deshalb ist es wichtig, sich aktiv damit auseinanderzusetzen, was wir wollen, wohin wir wollen und welche Kenntnisse wir dafür benötigen. Weiterbildung setzt allerdings nicht jeder auf die Prioritätenliste ganz oben hin. Unternehmen brauchen machtkompetente Menschen, die wissen, was sie wollen und wie sie es erreichen – für das Unternehmen. Unternehmen, in denen die Mehrzahl der Mitarbeiter nur „ihre Pflicht erfüllen" und machtfern agieren, spielen langfristig betrachtet Titanic. Manager, die nur Menschen unter sich dulden, die ihnen nicht gefährlich werden können und mit denen sie sich nicht auseinandersetzen müssen, spielen ein gefährliches Spiel. Kurzfristig sichert das vielleicht ihre Position, doch der Preis der Machtfeigheit, der Machtfernheit und der Machtlosigkeit ist ein enorm hoher.

Menschen mit Machtkompetenz sind leicht erkennbar. Sie wirken selbstsicher, man traut ihnen „automatisch" etwas zu, sie nutzen ihr Machtpotenzial, um voranzukommen. Sie bieten jemand anderem die Stirn, treten bei Konflikten für sich ein und scheuen den Konflikt nicht. Die Opferrolle ist ihnen fern. Sie wollen ihre Ziele erreichen, sich durchsetzen und sich gut fühlen, und das steht ihnen zu. In seltenen Fällen wird es Menschen geben, denen alles wie automatisch zufällt.

Status hat vielfach gar nichts mit hartem und fleißigem Arbeiten zu tun. Bei manchen ist Statusdenken alleine durch die Herkunft normal und fest in den Köpfen und somit im Verhalten verankert. Manche werden in die „Oberschicht" geboren, wachsen mit Privilegien und äußerem Status auf. Und vieles ist nur schwierig aufzuholen, wenn man in dieser Liga mitspielen möchte. Stellen Sie sich einfach vor, dass jemand von klein auf gewohnt ist, einen schönen Anzug zu tragen und sich bei Bällen und in gehobenen Restaurants entsprechend zu benehmen weiß. Escargot und Boeuf Stroganoff sind keine Fremdwörter, der Gebrauch der Hummerzange ist kein Geheimnis, ebenso wie die richtige Begrüßung der Gäste und ungezwungener Small Talk. Das alles kann man lernen, auch wenn man es nicht von Kindheit an gewohnt ist. Aber diese Aufgabe sollte man dann ernst nehmen und konsequent trainieren, denn man merkt es, wenn ein Smoking oder ein Abendkleid nicht mit dem Selbstverständnis der Übung von klein auf und dem Bewusstsein des

Status getragen wird. Die gute Nachricht: Vieles ist erlernbar und Übung macht den Meister. Lesen hilft, den Wortschatz zu erweitern, Bildung bereichert das Bewusstsein und sich oft und ungezwungen in eleganter Umgebung zu bewegen hilft dabei, Unsicherheiten abzulegen und vor allem dabei, zu sich zu stehen. Und manch einer erkennt vielleicht, dass die lästigen Ermahnungen der Eltern wie „Sitz gerade", „Leg die Ellenbogen nicht auf den Tisch" und „Schlürf die Suppe nicht" durchaus ihre Berechtigung haben. Der Schriftsteller und Journalist Christian Rickens beschrieb in einem Beitrag im Managermagazin, wie manch ein Einstieg in die Gesellschaft allein durch den Status zum Kinderspiel wird. So haben es alle vier Kinder des US-Vizepräsidenten und Harvard-Absolventen Al Gore ebenfalls nach Harvard geschafft. Sein Sohn Albert hatte zwar bereits vor dem High-School-Abschluss eine Vorstrafe und seine schulischen Leistungen waren laut Christian Rickens sehr bescheiden, aber das hat anscheinend seiner Bewerbung nicht geschadet. Albert bewarb sich im Herbst 2000 – sein Vater stand knapp vor einem möglichen Sieg der Präsidentschaftswahl, die schließlich zugunsten von George W. Bush ausging. Al Gore war in der Alumni-Vereinigung von Harvard tätig. Also ein Förderer und Gönner! Das erleichtert jemandem mit dem Titel „Sohn" vermutlich den Einstieg.

An der Duke-Universität in North Caroline wurden Ender der 90er Jahre über hundert Studenten im Jahr aufgenommen. Die Leistungen dieser Studenten waren unter dem Mindeststandard. Die Uni expandierte zu dieser Zeit und die Eltern der Sprösslinge hatten jede Menge Geld. Zu dieser Zeit unterschied sich das Bewerbungsverfahren an der Duke-Universität für Kinder normaler Eltern von dem von Kindern, die reiche Eltern oder prominente Eltern hatten.

Die High Society, die „oberen Zehntausend", die Mittelschicht, die Unterschicht, Verbände, Vereine und was sonst noch dazu gehört. Jeder hat seinen Platz, sucht seinen

Platz, findet seinen Platz oder bekommt seinen Platz in der Gesellschaft.

Statusalarm

- Es gibt unterschiedliche Machtformen, wie:
- Positionsmacht: formal geschaffen, eine Person besitzt Weisungsbefugnis
- Belohnungsmacht und Bestrafungsmacht: Zuckerbrot und Peitsche
- Persönlichkeitsmacht: das Gesamtpaket Mensch, Wirkung, Status, Charisma, …
- Beziehungsmacht: das Spiel mit Zu- und Abwendung
- Expertenmacht: die Stimme des Wissens
- Stehen Sie auf von der Couch der Machtlosigkeit!
- Entwickeln Sie Ihr Status- und Machtpotenzial!
- Setzen Sie Ihre Machtkompetenz kultiviert und mit Klasse ein!

Statuspersönlichkeit: Status innen – Status außen

Viele Menschen meinen, Status hätte ausschließlich damit zu tun, was andere sehen. Die teure Uhr, die beeindruckende Villa, das neueste Auto, die Kleidung des angesagten Designers. Doch Status ist weit mehr als das! Sie können eine teure Uhr tragen und damit protzen, aber im Herzen ein unsicherer Mensch sein. Sie können die exklusivsten Lokale besuchen, sich dort aber nicht wohlfühlen, weil ihnen die Umgebung zu nobel ist. Manche Menschen fürchten sich sogar vor den Kellnern im In-Lokal, weil sie meinen, nicht den „richtigen" Wein zu bestellen oder weil sie die Bezeichnung der Gerichte nicht verstehen. Andere kaufen ausschließlich in Nobelboutiquen ein, aber jeder sieht, dass sie „verkleidet" sind, weil die Haltung mit dem Smoking oder der Abendrobe nicht übereinstimmt. Status wirkt nach außen, ja! – vor allem aber wirkt er von innen nach außen. Das, was wir innerlich fühlen, überträgt sich nach außen.

Eine teure Uhr kann nicht übertünchen, dass Sie sich innerlich unsicher fühlen und keine Ahnung haben, wie Sie sich beim Festbankett richtig verhalten sollen oder wie Sie in einer Verhandlung die Oberhand behalten. Die „richtige" Adresse im „richtigen" Bezirk kann nicht verhindern, dass die Menschen sehen, dass Sie sich eigentlich am Bauernhof wohler fühlen. Status zu leben heißt nicht, sich anzubiedern und all das zu tun, was die anderen tun, nur um „dabei" zu sein. Status bedeutet, innerlich das zu sein, was Sie äußerlich transportieren möchten. Natürlich können Sie nach dem Motto „fake it till you make it" alles tun. Ob Sie dabei glücklich werden und Ihre Ziele erreichen, ist ein anderes Thema.

Mir begegnen oft Menschen, die fabelhaft sind. Sie haben ein gutes Produkt, eindeutige Botschaften, großartige Angebote. Doch ihr Auftritt stimmt nicht mit dem überein, was sie bieten. Sie haben den inneren Status – und überzeugen jeden, mit dem sie sprechen. Bloß, sie kommen gar nicht so weit, mit denen zu sprechen, mit denen sie sprechen wollen. Denn oft hört ihnen niemand zu, weil sie zu leise sind, andere sie verdrängen oder sie schlicht einen falschen Eindruck erwecken. Erinnern Sie sich an meine Schilderung zu Beginn? Es fehlte damals an äußeren Merkmalen des Status, an Symbolen. Und ja! Auch die sind wichtig. Wir können das verleugnen, aber das hilft nicht weiter. Ich hatte die Expertise und das Wissen, die innere Gewissheit über meine Fähigkeiten, aber damals eben noch nicht das dazu passende Erscheinungsbild. Bei anderen ist es umgekehrt: Sie haben alle äußeren Statusmerkmale und verstehen nicht, warum sie dennoch nicht punkten.

Der äußere Status – du bist, was du scheinst?

Äußerer Status umfasst das gesamte Verhaltensspektrum, aber auch die optische Wirkung, die von anderen an einem Menschen wahrgenommen wird.

Ihren Status fixieren Sie schon mit Ihrem ersten Auftritt, mit Ihrer ersten Begegnung, die Sie mit anderen Menschen haben. Der erste Eindruck, den andere von Ihnen haben, hat bereits Statusauskünfte über Sie gegeben.

Stellen Sie sich folgende Situation vor: Sie sind zu einem Business-Empfang eingeladen, bei dem ein hundertjähriges Jubiläum gefeiert wird. Viele Prominente, die Größen der Branche und alle anderen sind geladen. Die Presse hat sich angesagt und ist vor Ort. A betritt den Raum. Sie trägt ein übliches Businesskostüm, die Haare perfekt, das Make-up stimmt. Die Accessoires sind dezent, aber edel, nur ein auffälliges Schmuckstück ziert die Erscheinung. Sie schaut sich kurz um, erblickt die Kameras und einen Prominenten, der in der Nähe steht, schreitet erhobenen Hauptes hin und wechselt einige Worte mit anderen. Sie spricht laut und wirkt fröhlich. Später sorgt sie dafür, dass sie einen Platz in der ersten Reihe bekommt. Im Laufe des Abends sieht man diese Person dauernd mit den Größen der Szene im angeregten Gespräch.

Vielleicht kennen Sie diese Person nicht. Aber vermutlich ist sie Ihnen aufgefallen. Und vielleicht kommen Ihnen andere Auftritte in den Sinn. Ein schüchternes, geducktes Betreten des Raums. Teure, aber unauffällige Kleidung, an der ein bisschen herumgezupft wird, sich in die Ecke drängen und ganz hinten sitzen, ein verlegenes Schlürfen am Empfangsdrink und Ausschau halten, ob nicht ein bekanntes Gesicht auftaucht, um ein Gespräch zu beginnen, um dann den gesamten Abend an diesem einen Gespräch festzuhalten.

Die Art und Weise, wie Sie sich bewegen, also Ihre Körpersprache, Ihre Mimik, Ihre Stimme, Ihr Sprachverhalten, gehören zur äußeren Statuswirkung. Und natürlich zählen auch die Beherrschung der Gesellschafts-Knigge, die Frisur und das Outfit zum Status-Zug. Ihre Äußerlichkeit wird als Erstes bewertet und „schubladisiert". So sind wir Menschen eben und das schon seit Abermillionen von Jahren. In der Zeit, in der Männer und Frauen noch Leder- und Fellbekleidung um den Körper geschlungen trugen und in Höhlen lebten, wurde ebenso „schubladisiert", Status erkannt und rasch in zwei „Copingstrategien", also Bewältigungs- und

Überlebensstrategien, aufgesplittet. Die Unterscheidung zwischen Freund oder Feind wurde schnell getroffen. Und bestimmt wurde auch damals schon gerungen, wer den größeren Holzknüppel schwingen darf.

Dies bedeutet nicht, dass Sie nur etwas zählen, wenn Sie die teuerste Handtasche, die teuerste Uhr oder die exklusivste Designerware tragen. Sie sollten darüber Bescheid wissen, was es anderen bedeuten könnte, um entsprechend reagieren und vor allem agieren zu können. Wenn Sie in einer Runde von Menschen auftreten, in der alle besonders „gut" gekleidet sind, dann brauchen Sie entsprechende Gründe, wenn Sie in Jeans rumlaufen. Zuckerberg kann sich das leisten. Sie können es sich auch leisten – wenn Sie so auftreten, dass die anderen vergessen, darüber zu lästern, was Sie anhaben, weil sie von anderem beeindruckt sind. Das führt uns zum inneren Status.

Der innere Status – du bist, was du bist und was du sein könntest

Im Inneren befindet sich die Wahrheit. Unser innerer Status. Das, was tatsächlich ist, ist das, wie wir uns tatsächlich erleben. Den äußeren Status kriegen viele mit guter Schauspielleistung hin., doch den inneren zu wahren, ist oft harte Arbeit.

Unser innerer Status setzt sich aus unterschiedlichen Komponenten zusammen: unsere Erfahrungen, die unsere Einstellung prägen, unsere Moral, unsere Ethik, unser Glaube, Glaubenssätze, Gedanken und Emotionen, die in unseren Lebenssituationen auftauchen.

Oft kämpfen wir mit dem äußeren Status um die Überlegenheit. Jemand, der sich zum Beispiel innerlich schlecht fühlt, versucht nach außen hin exakt das Gegenteil zu zeigen.

Obwohl innerlich ängstlich oder traurig, wirkt nach außen alles top. Manchmal entpuppen sich aber eben die edle Fassade und der äußerliche Hochstatusaufbau als Farce, wenn man einen Blick dahinter erheischt.

Oft wird an der Statusfront so heftig gekämpft, dass der innere Status Verletzungen davongetragen hat. Der Selbstwert bekommt einen Schlag ab und es kann lange Zeit brauchen, sich davon wieder zu erholen.

Es ist wichtig, dass Sie ständig an Ihrem inneren Status arbeiten. Er trägt Sie durch die Welt oder lässt Sie in den emotionalen Sumpf fallen. Ein innerer stabiler Status ist Ihr größter Unterstützer am Statusspielfeld.

Der Fall „Gerti" – Herausforderungen annehmen

Gerti ist Führungskraft und sieht stets wunderbar aus. Sie ist in jedem Kontext richtig und statusträchtig gekleidet. Sie kennt die angesagten Lokale, weiß, welche Personen in der Branche wichtig sind und wie man sie erreicht und sie bekommt Anerkennung, weil sie kompetent charmant und eloquent ist. Gerti genießt diese Anerkennung und fühlt sich rundum wohl.

Bis zu dem Moment, als der CEO zu ihr sagte: „Beim nächsten Kundentreffen machen Sie bitte eine Präsentation über die fachlichen Entwicklungen Ihrer Abteilung für unsere Kunden!" Gertis innerer Status bekam sofort eine gewaltige Delle. Durch Gertis Kopf schossen die Gedanken. „Ich werde nur stammeln, kein Wort werde ich herauskriegen, mein Gott, wie ich das hasse, wenn mich alle anstarren. Das schaff ich nicht."

Und somit baute sie sich Druck auf, brachte ihren inneren Status selbst ins Schwanken. Ihr Selbstwert und ihr Selbstbewusstsein sanken in den Keller.

Gerti könnte genauso gut so denken: *Ich nehme die Herausforderung an. Ich werde mich bestens darauf vorbereiten. Ich werde die Präsentation meinen Freunden vorsprechen, mir Feedback geben lassen und üben, bis ich sicher bin. Die Challenge wird gelingen!*

Statusalarm

- ➔ Schlagen und malträtieren Sie Ihren inneren Status nicht!
- ➔ Bauen Sie ihn stattdessen auf!
- ➔ Manchmal gelingt es, den inneren Status gut zu verbergen.
- ➔ Meistens wird der innere Status über das Verhalten zum Teil des Äußeren. Er wird so außen sichtbar und nicht immer kann eine gute schauspielerische Leistung über diesbezügliche Defizite hinwegtäuschen.

Ihr innerer Hochstatus

Unserer Statusverhalten ist auch von unserer Tagesverfassung, von den unterschiedlichen Situationen, in denen wir uns bewegen, von Themen, in denen wir sicher sind, von Themen, in denen wir unsicher sind, abhängig. Die Bewertung einer Situation oder eines Ereignisses hängt von Ihrem inneren Status ab. Je nachdem, wie unser Status ist, entscheiden wir über den Fortlauf der Ereignisse.

Was macht unseren inneren Hochstatus aus? Die Basis bilden ein gesunder Selbstwert und ein gesundes Selbstbewusstsein. Wann ist ein Selbstwert gesund? Wer bildet ein gesundes Selbstbewusstsein aus? Ja, Sie denken richtig – das passiert ab der Kindheit. Und ein Leben bei reichen Eltern muss dabei nicht von Vorteil sein. Jemand hat vielleicht gelernt, richtig mit Gabel und Messer umzugehen, aber weiß er deshalb, wie es sich anfühlt, wenn der Vater richtig stolz auf sein Kind ist? Oder wenn die Mutter es wirklich liebt? Jeder von uns hat die gleichen Chancen. Niemand braucht sich unterlegen zu fühlen, bloß weil die Eltern keine Akademiker oder reiche Unternehmer waren. Die Geschichte beweist dies hundertfach. Es muss außerdem kein Vorteil sein, schon mit dem berühmten goldenen Löffel im Mund geboren worden zu sein – auch das belegt die Geschichte.

Wer kein Selbstbewusstsein hat oder zu wenig davon, kann daran arbeiten und es entwickeln. Vielleicht ist es schmerzlich, aber ohne diese Anstrengung geht es nun mal nicht. Um etwas zu entwickeln und daran zu arbeiten, muss ich wissen, wo ich stehe. Ich muss mich im Spiegel anschauen. Und ich garantiere – jeder von uns hat irgendwo Defizite.

Stellen Sie sich diese Fragen: Wie sieht es aus mit meinem Selbstwert und meinem Selbstbewusstsein? Wo stehe ich? Was kann ich selbst tun und wo benötige ich Hilfe von außen, wie z.B. durch eine Therapie oder ein Coaching?

Souveränität ist sexy

Selbstwert und Selbstbewusstsein verhelfen zu Mut und Souveränität. Ein souveräner, also eigenverantwortlicher, Mensch behält den Überblick über eine Situation und ist in der Lage, trotz eines unliebsamen Ereignisses klar zu beobachten, zu erkennen, was läuft und eine sinnvolle Handlung zu setzen. Souveränität gibt uns die Möglichkeit, in Stress- und Konfliktsituationen „bei uns“ zu bleiben, in Lösungen denken zu können und in einer produktiven Verfassung zu bleiben.

Ein Chef, der ausrastet, sinkt in der Achtung seiner Mitarbeiter und ein Mitarbeiter, der oft in Tränen ausbricht, wird nicht ernstgenommen. Jeder hat Emotionen, doch diese können wir oft nicht so „herausploppen“ lassen, wie wir sie gerade empfinden. Emotionen im Griff zu haben und Impulse kontrollieren zu können, sind wichtige Learnings für emotionale Menschen. Souveränität bringt sie meistens viel weiter.

Denken Sie jetzt bitte nicht, dass Sie extrovertiert sein müssen, um souverän zu sein. Nein, auch introvertierte Menschen handeln souverän. Denn sie verfügen über einen Vorteil: Sie haben oft eine sehr gut ausgeprägte Wahrnehmungsfähigkeit und Körperempfindung, die ihnen helfen, Dinge dissoziiert, getrennt voneinander, zu betrachten.

Souveränität bedeutet auch, sich Herausforderungen zu stellen, an ihnen zu wachsen und andere nicht zu kopieren.

Souveräne Menschen wissen, was oder wer sie sind. Sie arbeiten meist hart an sich. Souveränität hilft dabei, einen kühlen Kopf zu wahren. Souveräne Menschen lassen sich nicht hetzen oder unter Druck setzen. Sie bleiben bei sich und gehen ruhig und gelassen vor. Sie bestimmen über sich und lassen sich nicht bestimmen. Sie haben eine eigene Meinung und können diese gelassen und fern der Arroganz vorbringen. Sie verstehen es, sich durchzusetzen, lassen sich nicht provozieren und keinesfalls von ihren Zielen abbringen. Und sie haben ein realistisches Selbstbild. Auch souveräne Menschen machen Fehler oder ecken an. Sie übernehmen Verantwortung für ihre Handlungen. Sie interessieren sich für andere, sind durchaus kooperativ, haben keine Scheu nachzufragen, wenn sie etwas nicht verstehen. Souveräne Menschen wirken gelassen, cool, belastbar, charismatisch und emotional stabil. Es lohnt sich also, an sich zu arbeiten.

Souveränität lässt sich leicht im Alltag trainieren. Bestimmt ist da der eine oder andere Autofahrer, der Sie nervt, der eine oder andere Aggressor, der Ihnen wirklich blöd kommt. Bleiben Sie in solchen Situationen ruhig, lassen Sie Ihre Muskeln locker, dissoziieren Sie innerlich, bleiben Sie ruhig und wohlgesonnen. Übung macht den Meister!

Statusalarm

- ➔ Arbeiten Sie an Ihrem Selbstwert und Ihrer Selbstsicherheit!
- ➔ Trainieren Sie, einen kühlen Kopf zu behalten und besonnen zu bleiben.
- ➔ Bleiben Sie entspannt und lassen Sie sich nicht unter Druck setzen.
- ➔ Übernehmen Sie Verantwortung für Ihre Handlungen!
- ➔ Stellen Sie sich neuen Herausforderungen.

Statussymbol „Glaubwürdigkeit" rockt

Glaubwürdigkeit! Wenn wir das Wort zerlegen, kommen Würde und Glauben dabei heraus. Der Glaube an die Würde des Menschen. Kann man Ihnen trauen, sind Sie glaubwürdig? Nicht nur in Wissenschaft, Wirtschaft und Politik, sondern bei jedem Karriereweg, bei jeder beruflichen Entscheidung, bei jedem geschäftlichen Gespräch, entscheidet letztendlich die Einschätzung Ihres Gegenübers, ob Sie glaubwürdig sind, darüber, ob Sie zum Zug kommen. Sie haben sich für eine höhere Position oder um einen neuen Arbeitsplatz beworben? Dann stehen Sie auf dem Prüfstand der Glaubwürdigkeit. Wenn Sie auf die Bank gehen und Fakten vorlegen, die es Ihnen ermöglichen würden, einen Kredit zu bekommen, zählt hauptsächlich Ihre Glaubwürdigkeit.

Glaubwürdigkeit hat mit Vertrauen und dem Einhalten von Vereinbarungen zu tun. Glaubwürdig sind Sie als extremer Umweltschützer, wenn Sie zu Fuß gehen oder mit dem Fahrrad fahren. Glaubwürdig sind Sie, wenn man Ihnen vertraut, weil andere den Eindruck haben, dass das, was Sie angekündigt haben, auch passieren wird. Zum Beispiel bei einer Jobzusage. Ihr neuer Arbeitgeber traut Ihren Angaben über die Beherrschung all dessen, was Sie ihm im Bewerbungsgespräch verkauft haben. Deshalb gibt er Ihnen einen Vertrauensvorschuss. Er kauft „die Katze im Sack"!

Glaubwürdige Menschen übernehmen Verantwortung für Ihre Handlungen und tragen die Konsequenzen. Glaubwürdige Menschen überlegen sich, wann Sie was sagen und ob sie die darin enthaltenen Versprechen auch einhalten können.

Als Führungskraft steht Glaubwürdigkeit immer zur Diskussion. Eine Führungskraft, die nicht glaubwürdig ist, verliert das Vertrauen der Mitarbeiter. Jemand, der seine Mitarbeiter kurzhält, immer und überall einspart, was die Mitarbeiter und deren Arbeit betrifft, und sich gleichzeitig einen neuen Maybach kauft, büßt Glaubwürdigkeit ein und kassiert dafür Ärger, Frust und Demotivation der Mitarbeiter.

Statusalarm

➔ Glaubwürdig sind Sie dann, wenn Ihr Verhalten stimmig auf andere wirkt, weil es keine Diskrepanz zwischen Ihren Handlungen und Ihren Aussagen gibt.

Statuskomponenten – Selbstbeobachtung als Erfolgsspur

Status hat verschiedene Ebenen und Komponenten, wie auch Tom Schmitt und Michael Esser in Ihrem Buch „Statusspiele“ bestens beschrieben haben. Danach kann Status in vier Statusbereiche aufgeteilt werden:

Innen hoch – außen hoch
Innen hoch – außen tief
Innen tief – außen hoch
Innen tief – außen tief

Wie bei vielen anderen Modellen, die uns unsere Welt veranschaulichen sollen, ist es auch bei diesem Modell so – es gibt keine Ausschließlichkeit. Alle vier Komponenten sind Teile von uns. Wir können aus allen vier Komponenten heraus agieren. Doch im Allgemeinen hat jeder Mensch eine bevorzugte Komponente. Auf diese Komponente greift er unbewusst in unterschiedlichen Statussituationen zurück.

Deshalb habe ich gleich einen Tipp für Sie. Beobachten Sie sich in unterschiedlichen Situationen. Oft passiert etwas sehr schnell und wir sind im Spiel, ohne uns dabei zu beobachten. Denken Sie an eine Situation, in der Sie jemand stresst. Sie fokussieren sich auf den Stress und vergessen dadurch, was Sie tatsächlich wollten oder verlieren den Überblick über die Situation, geraten ins Statusspiel, spielen nicht mehr selbst, sondern – nennen wir es mal so – werden gespielt oder ausgespielt.

Sollte das der Fall sein, reflektieren Sie im Nachhinein: Wie habe ich mich verhalten? Welche Statuskomponente habe ich gewählt? War mir diese Komponente hilfreich, hätte ich meinen Status heben können oder wäre ein strategischer Tiefstatus hier hilfreicher gewesen? Welchen Status hätte ich mit meinem besten Freund, dem Ego, vereinbaren können?

Beobachten Sie nicht nur sich selbst. Schauen Sie sich TV-Diskussionen bewusst an, halten Sie bei Meetings, beim Officetalk, in der Teeküche, beim Supermarkt an der Kasse die Augen und Ohren weit offen. Dann wird Ihnen Statusverhalten bald auffallen. Und wenn es das tut, sind Sie bereits fast professioneller Statusermittler.

Warum sprechen wir hier überhaupt über Status? Aus dem schlichten und einfachen Grund, weil Sie mit dem bewussten Umgang und einer Statuskompetenz mehr denn je auf die Erfolgsspur kommen können. Sie werden nicht mehr unbewusster und regiegesteuerter Statusspieler auf den täglichen Spielfeldern sein, sondern werden die Regie über Ihre Statuskommunikation und Ihr Statusverhalten haben. Denn wie Schmitt und Esser sagen, übernimmt der Status wie ein Autopilot die Kontrolle über Sie.

Weshalb sollen Sie nun lernen, mit Statusspielen umzugehen, sie mitzuspielen oder selbst zu spielen? Wenn Sie sich Ihres Status bewusst sind, Ihre Fähigkeiten und Kompetenzen kennen, wenn Sie Ihr Können gezielt in Ihrem Lieblingswirkungsfeld einsetzen wollen, sollten Sie sich mit der Thematik auseinandersetzen, um in Verhandlungssituationen, Konfliktsituationen oder schwierigen Gesprächen die Oberhand zu behalten und nicht im Strudel der Geschehnisse unterzugehen.

Das Statusspiel hat mehrere Faktoren. Zwei davon sind entscheidend, um ein Gefälle im Status zu vermeiden. Der eine Faktor ist Respekt, der andere ist Sympathie. Je ähnlicher der Status zwischen zwei Personen ist, desto häufiger wird um Status richtiggehend gekämpft.

Status „innen hoch und außen hoch" – a Leader's Life

Ist sowohl der innere wie auch der äußere Status hoch, so ist die Person vermutlich auf der Gewinnerspur. Das Verhalten ist dominant und die Person zieht das, was sie erreichen will, einfach durch.

Die Person macht ihren Status sichtbar und agiert auf höchster Statusebene. Die Person will gesehen und wahrgenommen werden, sie will gewinnen. Eine typische Persönlichkeit für dieses Statusverhalten finden Sie sicher in Ihrer Umgebung, achten Sie diesbezüglich auf das Verhalten. Diese fokussiert sich dabei auf sich und lässt die anderen nicht gelten, bzw. geht so weit, zu anderen in innere wie auch in äußere Distanz und Ausblendung zu gehen, damit sie die Wünsche, Bedürfnisse und Zustände von den anderen übergehen kann oder nicht wahrnehmen muss. Es geht ums Durchsetzen und um sonst nichts. Respekt bekommt die Person auf jeden Fall. Wenn sich zwei Menschen starr auf dieser Statusebene begegnen, sehen wir einen klassischen Status- und Machtkampf.

Wenn Sie auf diesen Status zurückgreifen können, sind Sie bestimmt jemand, der seine Ziele erreichen kann, Grenzen setzt, andere auch mal in ihre Schranken weist. Ich spreche hier von „zurückgreifen oder wählen" eines Status. Durchgängig hoch/hoch zu agieren, macht Sie ziemlich unsympathisch und es ist auch nicht nötig. Auf dieses Verhalten jedoch dann zugreifen zu *können*, wenn Sie es brauchen, macht Ihnen das Leben leichter! Darum geht es! Dazu ist es aber notwendig, dass Sie sich um Ihren inneren sowie um Ihren äußeren Status aktiv kümmern.

Status „innen hoch und außen tief" – die Embassy und der Vermittler

Menschen, deren Status innen hoch und außen tief ist, die z.B. über die Körpersprache freundlich zugewendet sind, gelingt es oft, sich zwar durchzusetzen, dabei aber sympathisch zu bleiben.

Diese Personen wahren ihren inneren Status, zeigen aber äußerlich, dass sie gerne kooperieren möchten.

Greifen Sie gerne, wenn Sie kooperativ sein wollen, auf dieses Statusverhalten zurück. Manche Zielerreichung oder Respekthandlung fordert Kooperationsverhalten.

Status „innen hoch und außen tief", was bedeutet das?

Jede Statuskomponente wird bewusst, aber auch unbewusst von anderen wahrgenommen. Andere empfinden sie mal als sympathisch, mal als weniger sympathisch. Manchmal wirkt das Auftreten autoritär und wird respektiert, manchmal auch nicht. Und manchmal gibt man über Tiefstatus ein trauriges Bild ab.

Sehen wir uns Statuskomponente 1 an folgendem Beispiel an.

Der Fall „Herbert will eine bessere Position" – das Innen und Außen hängen zusammen

Der IT-Mitarbeiter Herbert wollte ein für ihn sehr interessantes Projekt leiten und ging zu seinem Chef, der in der Teeküche stand. Herbert fragte ihn mit leicht gesenktem Kopf, ob er Projekt X leiten dürfe, zeigte sich dabei etwas unterwürfig, die Schultern eingezogen, den Kopf geneigt (Tiefstatus). Während der Chef seine Antwort kurz überlegte, sprintete Gernot, ein Kollege von Herbert, weg von der Mikrowelle und mitten ins Szenario, richtete sich groß auf, hielt den Kopf gerade und sprach mit selbstbewusster Stimme den Satz: „Chef, das Projekt gehört mir!" (Hochstatus) Der Chef schüttelte den Kopf und sagte: „Lasst mich darüber nachdenken, ich gebe euch Bescheid, wenn ich eine Entscheidung getroffen habe." Dann drehte er sich um und ging.

Herbert saß bei mir, er hatte mich für ein Coaching gebucht, denn das Projekt war ihm sehr wichtig. Es war seine Chance, sich zu beweisen und sich für eine Expertenlaufbahn im Unternehmen zu bewerben. Herbert saß mir mit gepflegtem, geflochtenem, langem Haarzopf gegenüber, in einem karierten Hemd, und schilderte mir sein Anliegen. Sein Thema – „Niekriegichwas", „Alleanderenwerdenvorgezogen" – zog sich wie eine Autobahn durch sein Leben. Herbert war ein paar Wochen zuvor Gast bei einem Vortrag von mir zum Thema „Status" gewesen und fasziniert davon, wie man Status verändern kann. Und er wollte. Er war mit seinem Gesamtpaket, Outfit, Wirkung, Körpersprache, Stimme, Sprache nicht mehr zufrieden, weil er merkte, dass andere ihn permanent überholten.

„Herbert", sagte ich, „auf einer Skala von null bis zehn, wobei null tatsächlich null und zehn die höchste Form der Zufriedenheit ist, wo stehen Sie?" Herbert, antwortete: „Zwei." „Wo wollen Sie am Ende unseres Coachings sein?"

„Realistisch betrachtet auf sechs", sagte er. Ich fragte ihn, was anders wäre, wenn er die Sechs erreicht hätte. Dann wäre er sicherer im Auftritt, könnte kontern, präsentieren und seine Expertise gut verkaufen und wüsste, was er mit seinen Haaren machen soll, die er seit seinem sechsten Lebensjahr als Zopf trug. Er würde nicht mehr auf Statusspiele hereinfallen und könnte mit Statusspielen besser umgehen.

Mit einem Lächeln im Gesicht sagte ich zu Herbert: „Das ist einfach. Wir entwickeln Ihre Persönlichkeit. Und mit dieser Entwicklung wird sich automatisch Ihre Statuskompetenz mitentwickeln." Herbert strahlte. Na dann, auf geht's, wenn es eh so einfach ist! Im Rhythmus von vier Wochen begleitete ich Herbert über neun Monate lang auf seinem Weg zum Projektleiter, Fachexperten und Leiter einer Expertengruppe. Für das erste Ziel mussten wir schnell agieren, denn der Chef ließ sich gerade die Beförderung der potenziellen Projektleiter durch den Kopf gehen. Ich briefte Herbert für ein Gespräch mit seinem Chef. Dieses Gespräch war für einen Termin zwei Tage nach unserem ersten Beratungsgespräch angesetzt. Wenn du einen Menschen optisch veränderst, ist es meistens besser, dies nicht in 24 Stunden zu tun. Aber in diesem Fall zogen wir eine Veränderung radikal durch: den Abschied vom Zopf.

Herbert ging zu einer Hairstylistin, die ich ihm empfohlen hatte, und diese verpasst ihm eine schicke, schulterlange, stylische Frisur und veränderte seine massive Gesichtsbehaarung in ein ebenso stylisches Bärtchen. Das karierte Hemd wurde gegen ein einfärbiges sportives Hemd getauscht, damit Herbert sich zwar wohlfühlte, aber kompetenter wirkte und seinen Auftritt beim Chef nicht wie ein Holzfäller aus Nebraska hinlegen musste.

Wir hatten eine Motiv- und Nutzenmappe für Herberts Chef ausgearbeitet. In ansprechender Form präsentierte Herbert seine Fachkompetenz, die er zweifellos hatte, und die ihm innere Sicherheit gab. Er argumentierte und ver-

handelte sich die Leitung des Projektes aus. Seine äußere Veränderung gab ihm einen ordentlichen Schub in seiner Wirkung. Und nebenbei bemerkte er nun auch, dass ihm die neue Programmiererin verstohlen zulächelte.

Herbert wuchs und entwickelte sich. Er blieb dran. Konsequent verfolgte er seine Ziele. Eines Tages stand er vor meiner Tür mit einem Strauß wunderschöner Sonnenblumen und bedankte sich für meine Begleitung. Er hatte seine Ziele erreicht. Seine Entwicklung war enorm. Äußerer Status war ihm nicht so wichtig, doch er hatte seinen Weg gefunden, sich mit innerem Status und einem passenden Außenauftritt, der seinem Job entsprach, und mit dem er sich gut identifizieren konnte, zu präsentieren.

Wir haben hier Folgendes erreicht: Herbert wusste von Anfang an um seinen inneren hohen Status Bescheid. Es gelang ihm allerdings zuvor nicht, diesen auch nach außen zu tragen. Die verschiedenen äußerlichen Merkmale, wie sein neuer Look und sein etwas „standesbewussteres" Auftreten, verschafften ihm nicht nur innerlich ein gutes Gefühl, sondern transportierten dieses steigende Bewusstsein über seine Kompetenz auch in sein Auftreten und Verhalten. Dadurch gelangte er zu einem inneren *und* äußeren hohen Status. Erfolg auf der ganzen Linie!

Statusalarm

- ➔ Kleine Veränderungen haben oft eine große Wirkung.
- ➔ Optische Wirksamkeit verbessert Ihren Status.

Status „innen tief und außen hoch“ – der Hero und die bissige Stute

Innerlich machtarm kämpft die Person im Statusverhalten „innen tief und außen hoch“ um den Rang. Wenn innerer und äußerer Status nicht stimmig sind, wirkt so eine Aktion oft „verzweifelt“, wenn man kein wirklich guter Schauspieler ist und dies auf einer soliden Ebene halten kann.

Das Verhalten kann in Machogetue, Helden- und Klugschwätzertum wie in Stutenbissigkeit ausarten. Der Sympathiewert tendiert dabei meistens gegen null.

Bestimmt kennen Sie Menschen, die so agieren, auch wenn Sie den Status vielleicht bis dato noch nicht so konkret bestimmen konnten.

Status „innen tief und außen tief“ – der ungefährliche Sympath und Empath

Die Person dieser Statuskategorie wirkt meist sehr sympathisch und wird als „nett“ wahrgenommen. Bei dieser Person ist der Harmoniegedanke vorwiegend. Harmonie ist zwar eine Illusion, zumindest Dauerharmonie, sage ich immer, dennoch streben viele Menschen danach. Wer jedoch dauerhaft diesen Status lebt, hat es gewöhnlich schwer, sich gegen andere durchzusetzen und seine Ziele zu erreichen.

Auch Vertreter dieser Kategorie kennen Sie, achten Sie nur auf ihr Umfeld.

Statusübungen – bauen Sie Ihr sicheres Fundament

Wollen Sie in Ihrem Leben mehr Macht, Anerkennung und Respekt, dann lernen Sie Statusverhalten und Statusstrategien anzuwenden! Die Basis dafür ist Ihr innerer Status. Dieser ist Ihr Fundament, auf dem Sie das äußere Statushaus bauen können. Von diesem stabilen Unterbau aus können Sie das situationsabhängig jeweils benötigte Statusfeld wählen. Er garantiert Ihnen, dass bei einem Sturm das Dach des Hauses nicht davonfliegt. Vielleicht löst sich einmal ein Dachziegel oder die Mauern wackeln, aber Ihr Fundament, der „innere Status“, bleibt bestehen.

Deshalb: Bauen Sie sich Ihr Fundament und schützen Sie es! Wichtig ist, dass Sie lernen, Ihren inneren Status stets verfügbar zu haben. Dabei geht es in erster Linie nicht um Statussymbole, sondern darum, das, was Sie innerlich fühlen, außen durchzusetzen.

Lassen Sie sich aber auch die Möglichkeit, auf äußere Statussymbole zuzugreifen, wenn Sie diese Ressource brauchen. Eine positive und attraktive äußere Erscheinung hebt zum Beispiel den von anderen wahrgenommen äußeren Status. Mit Attraktivität ist nicht Schönheit gemeint, denn diese ist ohnehin subjektiv. Mit Attraktivität sind ein gepflegtes Äußeres und ein guter Kleidungsstil gemeint.

Status gezielt einsetzen

Um herauszufinden, wann Sie in welchem Status agieren und wie unterschiedlich die Wirkungen sind, ist es am einfachsten, wenn Sie zum Schauspieler werden. Schlüpfen Sie in eine Rolle und üben Sie die verschiedenen Statuskombinationen allein, zu zweit oder in einer Gruppe.

Als Beispiel, wie Sie dabei vorgehen können, stellen Sie sich folgendes Szenario vor und überlegen Sie sich, wie die Person dazu agieren würde und wie die Kombinationen der Statuskomponenten aussehen könnten: Sie haben Zoologie studiert und sind seit zwanzig Jahren auf die Erforschung von Krokodilen spezialisiert. Der jeweilige Status drückt sich dabei ungefähr wie folgt aus:

- *Innerer hoher Status:* Ich weiß, ich bin Experte und kenne mich mit Krokodilen gut aus. Wenn jemand etwas über Krokodile wissen möchte, fragt er bestimmt zuerst mich.
- *Äußerer hoher Status:* Wenn jemand über Krokodile redet, sage ich immer deutlich meine Meinung und jeder hört mir zu, weil ich aktiv vermittle, dass ich mich bei Krokodilen gut auskenne. Ich habe einen Bestseller über Krokodile geschrieben.
- *Äußerer tiefer Status:* Ich möchte gerne mein Wissen nach außen tragen, aber niemand hört zu, wenn ich über Krokodile spreche. Keiner lässt mich zu Wort kommen und ich weiß nicht, wie ich es anfange, dass das funktioniert. Ich könnte mal ein Buch über Krokodile schreiben.
- *Innerer tiefer Status:* Ich bin zwar seit dreißig Jahren Krokodilexperte, aber alle anderen kennen sich besser aus; ich weiß gar nichts und zweifle permanent an mir. Ich beteilige mich nie an Diskussionen über Krokodile.

Zusätzlich können Sie die äußeren Attribute und die Art Ihres Erscheinungsbildes den jeweiligen Branchenanforderungen anpassen.

Und nun üben Sie! Sprechen Sie den folgenden Satz in unterschiedlichem Statusverhalten – oder auch in verschiedenen Kombinationen davon – aus:

„Es ist wirklich wichtig, dass sich unsere Teammitglieder einmal pro Woche zu einem Meeting treffen."

- Status „innen hoch und außen hoch" – a Leader's Life
  - Welche Körpersprache setzen Sie ein?
  - Wie klingt Ihre Stimme?
  - Wie sprechen Sie?
- Status „innen hoch und außen tief" – die Embassy und der Vermittler
  - Welche Körpersprache setzen Sie ein?
  - Wie klingt Ihre Stimme?
  - Wie sprechen Sie?
- Status „innen tief und außen hoch" – der Hero und die bissige Stute
  - Welche Körpersprache setzen Sie ein?
  - Wie klingt Ihre Stimme?
  - Wie sprechen Sie?
- Status „innen tief und außen tief" – der ungefährliche Sympath und Empath
  - Welche Körpersprache setzen Sie ein?
  - Wie klingt Ihre Stimme?
  - Wie sprechen Sie?

Nun! Wie war es? Haben Sie die Unterschiede bemerkt? Welche Statusebenen fielen Ihnen leichter? Welche Statusebenen fielen Ihnen schwerer? Und in welchem Status befinden Sie sich im Berufsleben am meisten? Welchen Status bevorzugen Sie?

Üben und trainieren Sie bitte weiter, damit Sie die verschiedenen Statuselemente verfügbar haben, wenn Sie sie brauchen. Damit werden Sie spontaner und flexibler reagieren können, mehr Ansehen und Respekt erhalten und Ihre Ziele leichter erreichen. Meistens präferieren Menschen nur eine Variante. Die Kunst ist es, auf allen Ebenen Klavier spielen zu können und den richtigen Ton dabei zu erwischen. Beobachten Sie, in welchem Status Sie sich am besten fühlen und überlegen Sie, ob dieser zum Ziel führt. Und außerdem müssen Sie ja auch Ihr Gegenüber einordnen können.

Stellen Sie sich vor, Sie haben einen Mitarbeiter vor sich, dem Sie etwas beibringen müssen. Dieser Mitarbeiter sitzt im Status „innen tief, außen tief“ bei Ihnen. Und nun legen Sie in dem gewohnten innerlichen und äußerlichen Hochstatus los. Was wird passieren? Ihr Mitarbeiter wird von Ihnen nicht lernen können, weil er mit Ihnen nicht mithalten kann. Er verschließt sich wie eine Muschel.

Wie würden Sie vorgehen, welchen Status würden Sie wählen?

Den Status im jeweiligen Kontext sehen

Bitte bewerten Sie Status nicht mit „hoch ist super – niedrig ist mies“, weil Sie Status in der jeweiligen Situation, im jeweiligen Kontext sehen müssen. Achten Sie darauf, welche Statusebene in der jeweiligen Situation bei Ihrem Gegenüber zum Erfolg führt.

Status bietet in einem Gespräch immer ein Hoch-Tief-Gefälle. Überlegen Sie, sind Sie immer auf Augenhöhe unterwegs oder glauben Sie das nur? Beobachten Sie Ihre Gespräche offen und sehen Sie genau hin: In welchen Situationen, mit welchen Menschen kommt es zu einem Gefälle im Gespräch?

In diesem Buch bekommen Sie alles, was Sie brauchen, um Ihr Statusverhalten flexibel einzusetzen. Arbeiten Sie an Ihrem inneren Status und an Ihrem äußeren Status gleichermaßen und ständig. Gestalten Sie Ihre äußere optische Wirkung, wenn es für Sie passt, gestalten Sie Ihre Arbeits- und Lebensräume entsprechend Ihren Statusvorstellungen und den Möglichkeiten, die für Sie verfügbar sind.

Ich halte es für wichtig zu überlegen, wie ich mich in einer Situation verhalte, in der jemand mit einem „innen hoch, außen hoch"-Status auf mich zugeht. Um mir eine gute Position innerhalb der Kommunikation zu verschaffen, könnte ich versuchen, den Status des anderen zu senken oder aber meinen Status zu heben.

Stellen Sie sich vor, Sie sitzen an Ihrem Arbeitsplatz und Kollege Wagner betritt den Raum. Er pflaumt Sie an, weil Sie etwas noch nicht erledigt haben.

Sie können *seinen Status senken*, indem Sie sagen: „Ich glaube, Sie wissen nicht, wie Sie mit mir zu sprechen haben. So reden Sie nicht mit mir. Was bilden Sie sich eigentlich ein"?

Oder aber Sie können *Ihren Status anheben*: „Herr Wagner, ich beantworte Ihnen das gerne mit allen sachlichen Aspekten und in ruhigem Tonfall."

Sehen Sie, es gibt immer mehrere Möglichkeiten. Vergrößern Sie also die Zahl Ihrer Statusmöglichkeiten und Sie werden mehr Aufmerksamkeit, mehr Respekt und Anerkennung ernten. Es lohnt sich mehr, den eigenen Status zu heben, als den des anderen zu senken.

Der Fall „Schuhgeschäft" – gekonnt kontern

Ich war in einem sehr schönen Schuhgeschäft, um ein paar elegante, im besten Fall rote Stiefeletten zu kaufen. Die Stie-

feletten, die mir gefielen, waren in Größe 38,5 und schwarz und ich trage Größe 39. Ich probierte sie dennoch, sie waren natürlich etwas eng, aber Leder gibt ja bekanntlich nach. Ich ging zur Verkäuferin und fragte nach, ob es diese Stiefeletten in Größe 39 und in Rot auch gibt.

Als ich zurückkam, sah ich, wie eine Frau die Stiefeletten in 38,5 von meinem Probiertisch wegtragen wollte. In diesem eleganten Schuhgeschäft in Italien hatte jede Kundin ihren eigenen Probiertisch, wo die Schuhe standen, die sie probieren wollte. Ich sagte: „Sie wissen schon, dass die Schuhe auf diesem Tisch für mich zum Probieren bereitstanden?" Sie antwortete unverschämterweise: „Ja, aber Sie waren nicht da und deshalb habe ich sie probiert und ich will sie kaufen. Es gibt ja kein zweites Paar mehr.

Die Schuhe an sich waren mir gar nicht so wichtig, zumal ich aus dem Augenwinkel die Verkäuferin bereits mit den Stiefeletten in meiner bevorzugten Farbe auf mich zukommen sah. Doch solche Unverschämtheiten toleriere ich mir selbst zuliebe nicht. So hob ich meinen Status, ohne mich auf eine Diskussion einzulassen, indem ich sagte: „Sie können Sie gerne behalten, ich gehe ohnehin in größeren Schuhen."

Etwas arrogant meinen Sie? Oder „Sarkasmusalarm"? Vielleicht. Doch ich hatte meine Antwort verdammt gut platziert, hinterließ eine verblüffte Schuhdiebin, die sichtlich darüber nachdachte, wie ich das gemeint haben könnte! Und ich habe es freundlich und fast wie nebenbei gesagt. Der Ton macht ja bekanntlich die Musik!

Statusalarm

- ➔ Wenn jemand versucht, Ihren Status zu senken, heben Sie elegant den Ihren.
- ➔ Als Wahlmöglichkeit können Sie auch den Status des anderen senken. Sie sollten sich überlegen, was in der Situation für ihr Ziel das Beste ist und was welche Auswirkung hat.

Das Status-senken-Ritual – zwischen Bonus und Kriegsschauplatz

Manchmal ergibt es wie bereits angesprochen Sinn, den eigenen Status zu senken. Oder sogar den eigenen Status zu senken und den Status der anderen Person zu heben. Es ist eine Frage dessen, was Ihr Ziel ist – auf der Vernichtungsspur zu gewinnen oder einen kooperativen Ausgang anzustreben. Wenn wir den eigenen Status senken, kommen wir oft in Kooperation mit anderen oder es fällt anderen leichter, uns unsere Wünsche zu erfüllen. Eine gezielte Statussenkung in einem Gespräch holt andere Menschen oft leichter auf Ihre Seite und verschafft Ihnen einen Bonus. Ein hoher, dominanter Status kann verschreckend sein und bewirkt dann das Gegenteil.

Wollen Sie also Ihren äußeren Status etwas senken, achten Sie auf den Klang der Stimme. Bleiben Sie klar in Ihren Botschaften und stimmlich angenehm. Vermeiden Sie einen Befehlston. Formulieren Sie nicht im Ich, sondern beziehen Sie das Du, sprich Ihr Gegenüber, ein und sprechen Sie eine verbindende Wir-Sprache. Achten Sie auf Ihre Körpersprache und vermeiden Sie eine frontale Sitzhaltung. Drehen Sie sich lieber etwas seitlich und legen Sie den Kopf leicht schief. Lassen Sie dem anderen Raum. Reden Sie nicht dazwischen und lassen Sie Ihr Gegenüber aussprechen. Halten Sie sich grundsätzlich mit Ihren Meinungen und Ratschlägen zurück. Stellen Sie gerne „zurückhaltend" Zwischenfragen, um Aufmerksamkeit und Interesse zu zeigen, und holen Sie sich so den anderen auf Ihre Seite. Und ich spreche hier vom Senken des Status und keinesfalls vom Duckmäusern.

Das Status-senken-Spiel findet manchmal allerdings auch auf anderer Ebene statt. Verbale Angriffe, untergriffige Attacken, kleine, fast verborgene Speerspitzen, die in Richtung Gegenüber unterwegs sind, kennen alle, die nicht unter einer Käseglocke leben. Und diese Attacken sind oft direkt und persönlich an jemanden adressiert.

Ich bin nur im Krisenfall bzw. Notfall dafür, den Status von anderen bewusst und abwertend zu senken. Es ist und bleibt nun mal eine Variante der Verteidigung, eine Möglichkeit, sich zu stellen und einen Grenzzaun aufzustellen.

Kritik und Feedback sind ebenso Vorgehensweisen, den Status von anderen zu senken. Sie senken immer den Status, daran gibt es nichts zu rütteln. Sogar wenn sie noch so wohlwollend und kooperativ vorgetragen werden. Der Kritisierende greift damit den Status des anderen an. Wir müssen dennoch Kritik und Feedback anbringen, dort, wo es uns zusteht, es uns etwas angeht oder für uns wichtig ist.

Konfliktsituationen sind Nährböden dafür, den Status von anderen zu senken. Es passiert oft schnell und unbedacht. Das Ziel von Konfliktparteien ist oft nicht, den gemeinsamen Nenner zu finden! Das ist sogar unerwünscht. In manchen Konfliktsituationen geht es nur um die permanente Abwertung des Status von anderen. Es geht um Vernichtung! Aber klar und deutlich ausgesprochen: Hochstatus geht auch ohne Abwertung und Vernichtung!

Trotzdem, jeder macht das mal. Jeder wird sich, wenn er sich selbst beobachtet, dabei erwischen, dass er den Status von anderen schmerzlich senkt. Ich selbst nehme mich da auch nicht aus. Ich mache es nicht oft, aber wenn, dann meist absichtlich und ziemlich treffsicher. Und darüber reflektierend: Vermutlich hätte ich auch eine andere Wahlmöglichkeit gehabt, die ich nicht nutzen wollte.

Wenn zwei Konfliktpartner Tiefstatus haben, kommt der Konflikt meist nicht auf den Tisch, sondern bleibt unter dem Teppich. Denn die Kontrahenten vermeiden den Konflikt und die Kommunikation. Sie gehen sich aus dem Weg. Wenn aber einer von beiden in den Hochstatus wechselt, ist dies oft eine Möglichkeit, sich spontan durchzusetzen. Kompromisse oder Lösungen können sich auch entwickeln oder entstehen, wenn zwei Konfliktpartner, die sich im Hochstatus befanden, in den Tiefstatus wechseln.

Konflikte und Widerstand entstehen oft, wenn sich jemand in seinem Status oder im Machtgefüge bedroht fühlt. Denken Sie an die vielen Veränderungen, denen Unternehmen und deren Mitarbeiter ständig ausgesetzt sind. Hier dominiert die Verlustangst. Der Verlust von Status und Macht, aber auch die Angst davor, einen Job zu verlieren. Das Unternehmen agiert meist im Hochstatus und versetzt die Mitarbeiter dadurch in einen Tiefstatus.

Entscheidend über den raschen Erfolg einer Veränderung in Unternehmen ist, wie diese kommuniziert wird. Ist die Kommunikation offen, ehrlich, respektvoll und der Veränderungsprozess mitsamt der Zielsetzung transparent und klar, können die Ängste der Mitarbeiter etwas abgefangen bzw. reduziert werden. Das qualitativ gute Miteinanderreden ist das Wichtigste!

Wie ich des Öfteren schon erlebt habe, werden in Unternehmen manchmal Veränderungsprozesse injiziert, um einen Grund für Neubesetzungen zu haben. Diese Prozesse werden zum „Absägetribunal“, das hinter vorgehaltener Hand im intimen Kreis abgesprochen wird. Mitarbeiter müssen sich für Positionen bewerben, die sie bereits aktuell besetzen und meist schon länger innehatten. Diese Methode führt zu extremen Statussenkungen und somit zu viel Gesichtsverlust und Seelenschmerz bei den Betroffenen. Mein Statement: Das geht gar nicht!

Statustraining im Wolfsgehege

Seit dem Jahr 2009 arbeite ich mit Professor Kurt Kotrschal, einem der Leiter des Wolfsforschungscenters in Ernstbrunn in Niederösterreich, zusammen. Wir veranstalten Workshops für Managements direkt im Wolfsgehege. Anlässlich unserer Arbeit besuchte ich die Wölfe häufig. Es ist unheimlich spannend und lehrreich, die Dynamiken zu beobachten und Schlüsse über Ähnlichkeiten und Unterschiede im Verhalten zum Menschen zu ziehen. Ich kann es nur jedem, der sich für das Thema „Status“ interessiert, ans Herz legen, diese Gruppendynamik im Wolfsgehege einmal selbst zu erfahren.

Wenn wir nun ein Wolfsrudel zum Vergleich hernehmen, ist deren Hierarchie grundlegend für das soziale Zusammenleben von Gruppen. Und zwar dann, wenn die Tiere zum Beispiel in einem Zoo oder Wolfspark leben. Dort können junge Tiere nicht abwandern, um sich ihr eigenes Rudel zu suchen. Hier geht es durch die hierarchische Reglementierung um das Sichern des Überlebens.

Die Struktur eines Rudels in der freien Wildbahn ist im Vergleich zu einem Rudel im Zoo unterschiedlich. Der Wolf in der freien Wildbahn lebt in familiären Strukturen. Die Familienoberhäupter – das Alphapaar, Alphawölfin und Alphawolf – leben meist monogam und bleiben ein Leben lang zusammen. Sie schützen ihre Rudel vor fremden Eindringlingen, paaren sich, führen gemeinsam und partnerschaftlich das Rudel und ziehen ihre Welpen auf. Wölfe haben ein hochentwickeltes Sozialverhalten.

Das Wolfsrudel in der freien Wildbahn hat an seiner Spitze das Alphapärchen, einen zweitrangigen Wolf oder auch ein Wolfspärchen, das „Betapärchen", in der Mittelschicht mehrere Gammas und eine Gruppierung von schwächeren oder „eigenartigen" Omega-Wölfen. Die Omegas sind oft die Prügelknaben. Sie kriegen ständig eins übergezogen und sind den Aggressoren in der Wolfsrunde ausgesetzt. Das Alphapaar schwingt ihr Zepter über das gesamte Rudel, das Betapaar kümmert sich explizit um die Mittelschicht.

Im Rudel gibt es eine Vielzahl an Interaktionen, die mit Status und Rangordnung zu tun haben. Da ist zum Beispiel das Begrüßungsritual. Die rangniedrigen Wölfe und Jungtiere begrüßen die Ranghöheren und die Eltern durch das stürmische Ablecken ihrer Schnauzen. Die Eltern und die Ranghöheren weisen die Jungwölfe immer wieder zurecht, denn die Jungwölfe sollen ja lernen. Dies passiert z.B. durch das Hinunterdrücken der Schnauze des Jungtieres durch das Gebiss des ranghöheren Wolfes. Oder der ranghöhere Wolf klappert und schnappt mit den Zähnen so lange über dem Kopf des Jungtieres, bis dieser seinen Kopf senkt, wimmernd den Schwanz einzieht und davonläuft oder sich am Boden liegend windet.

Die Leitwölfe zeigen und demonstrieren ihren Status durch Körperhaltung, Mimik, aber auch durch kleine Gesten. Oft erhebt ein Leitwolf Anspruch auf Individualdistanz. Ob im Liegen oder Stehen, er nimmt sich Raum. In diesem Raum duldet er keinen anderen Wolf. Dieser von ihm definierte Raum ist seiner und das macht er auch jedem klar, der diesen respektlos und uneingeladen überschreitet. Leitwölfe haben ihre Privilegien. Sie dürfen als Erste fressen, der Leitwolf hebt die Rute hoch, stellt die Ohren auf. Die anderen müssen ihre Rute schön brav unten lassen. Und ein weiteres Privileg: Nur der Leitwolf macht sein kleines Geschäft im Stehen. Die anderen Wölfe müssen hocken.

Der Leitwolf ist nicht immer der Größte und der Stärkste im Rudel. Aber er ist überlegen, hat Erfahrung und ist ruhig und gelassen.

Klingt irgendwie nicht so anders als in manch einem Menschenrudel, oder?

Statusalarm – der Fall „Wir gehen ins Kino" – tägliches Statusspiel

Ich gehe selten ins Kino. Und wenn, dann nur zu spannenden Dokumentationen und wirklich coolen Filmen. Eine gute Freundin rief mich an und wollte mit mir ins Kino gehen, weil ihr Fernseher kaputt war. Amüsiert fragte ich sie, ob sie nicht ein paar Tage ohne Fernseher auskommen kann. „Nein", sagte sie. „Ich brauche Filme zum Entspannen, bitte komm mit!" „Was willst du sehen?", fragte ich. Sie nannte einen Filmtitel, der für mich nicht mal den Flachwitzfilmwettbewerb gewinnen würde. Dafür ist mir meine Zeit zu schade. Ich schlug ihr mit überzeugender Wortwahl vor, stattdessen mit mir ins English Cinema zu gehen und dort eine gute Doku anzusehen. Diese gäbe uns danach noch bei einem netten Asiaten oder Italiener in der Innenstadt jede Menge Gesprächsstoff, der sie dann definitiv so müde und entspannt sein lassen würde, dass sie gut schlafen und eine weitere Nacht ohne TV-Gerät überleben würde. Sie war einverstanden und genoss den Abend. Ich sowieso: Ich sah den Film, den ich sehen wollte und hatte mit „Asiaten" oder „Italiener" auch gleich vorbestimmt, was ich essen wollte.

Ja nun, ich habe mich durchgesetzt, klar. Meiner Freundin hat die Abendgestaltung aber trotzdem gefallen. So hat es letztendlich für beide gepasst. Das Schlimmste ist, sich tatsächlich zu verbiegen und missmutig im Kino zu sitzen und sehnsüchtig auf das Ende zu warten.

Statusalarm

- ➔ Status- und machtkompetente Menschen nehmen sich des Themas an.
- ➔ Sie verweigern Status und Macht nicht und erarbeiten sich die Kompetenzen dafür.
- ➔ Stellen Sie sich die Lizenz zur Status- und Machtkompetenz aus.
- ➔ Machen Sie sich fit, um auf dem Status-Machtfeld ein Gewinner oder eine Gewinnerin zu sein und zu bleiben.

Das Hierarchieverhalten

In Unternehmen bzw. Organisationen ändert sich das Hierarchieverhalten maßgeblich. Viele streben flachere Hierarchien an. In flacheren Hierarchien gibt es meist kein klares Organigramm mehr und die Befehlsketten verschwinden. Die Organisation wird viel mehr in Organisationseinheiten bzw. -teams aufgeteilt.

Wo früher traditionell das Aufrücken nach Alter die Regel war, rückt man heute mehr denn je nach dem Kompetenzfaktor auf. Die langjährige Zugehörigkeit zu einem Unternehmen oder das Alter sind heute kein Karrierefaktor mehr, in eine bessere Position, sprich Führungsposition, aufzurücken. Vielerorts gibt es Angst vor dem Verlust von Hierarchie. Wird die Macht sich auflösen? Nein, Machtmissbrauch wie Machtkompetenz lösen sich nicht auf, sie verlagern sich bzw. verändern sich. Eine hierarchische Ordnung fußt auf dem Prinzip der Über- und Unterordnung. So entsteht etwas wie ein „ideales Bild von Organisationen". Nur ist es wirklich immer so ideal? Ich erlebe dadurch auch viel Starres, wie extreme hierarchisch-bürokratische Vorgänge in Unternehmen bzw. Institutionen. Starr, starr und nochmals starr. Diese Starre des hierarchischen Systems bietet jedoch eine geniale Möglichkeit: jene, sich auszutauschen, ohne dass viel Schaden angerichtet wird oder dass man sich zu viel bewegen muss. Denn alles ist geregelt, nichts ist individuell und somit passiert „scheinbar" Verlust.

Diese starren Systeme sind im Laufe meines Berufslebens weniger geworden. Viele hierarchische, traditionelle Strukturen in großen Konzernen haben sich aufgeweicht. Menschen arbeiten mehr denn je in Teams, Arbeitsgruppen, Projektgruppen oder Task Forces. Diese Gruppierungen bieten natürlich ein großes Status- und Machtspielfeld.

Wer sich mit dem Status auseinandersetzen will, kommt nicht umhin, sich mit Hierarchien auseinanderzusetzen, und kann die Themen „Macht", „Machtkompetenz" und „Machtmissbrauch" nicht ausklammern. Immerhin ist die Übungsspielwiese groß genug – spielen Sie mit!

Statusalarm

- ➔ Organisationen splitten sich mehr denn je in Organisationseinheiten auf.
- ➔ Kompetenz (fachlich, aber auch Status und Macht) rückt auf und nach oben.
- ➔ Hierarchie fußt auf dem Prinzip der Über- und Unterordnung.

Statusbeobachtung – die Analyse von Verhalten

Verhalten ist alles, was eine Leiche nicht mehr hinkriegt. Ein grundsätzlicher Teil meiner Arbeit als Profiler, Kriminologin und Coach ist die Beobachtung des Verhaltens. Und dies in unterschiedlichen Kontexten. Ich bringe meinen auszubildenden Profilern viel in der Praxis bei. Wo lernen Sie denn am meisten über das Verhalten bzw. über das Statusverhalten von Menschen? Im Alltag. Natürlich auch im Seminarraum, keine Frage. Aber draußen, außerhalb des Seminarraums, gibt es permanente Beobachtungsräume, ich behaupte sogar ein ganzes Beobachtungsuniversum. Es sind die alltäglichen Ereignisse im Beruf und im Alltag, die ein wunderbares Trainingsfeld darstellen, wenn man bewusst beobachtet.

Ich lasse mein Handy und meinen Laptop gerne in der Tasche, wenn ich unterwegs bin, und trainiere stattdessen bei jeder Gelegenheit im Wahrnehmungs- und Beobachtungsfitnesscenter des Alltags. Im Supermarkt an der Kasse, im Garten eines Kaffeehauses, am Flughafen, am Bahnhof, auf der Straße … egal, das Leben lässt ständiges Lernen zu, wenn man möchte. Und so brauche ich kein Handy, um mich zu unterhalten, und möchte auch nicht ständig am Laptop arbeiten. Es macht Spaß, von der Beobachtung menschlichen Verhaltens zu lernen.

Der Fall „Spaß im Supermarkt" – der Alltag als Beobachtungsfeld

Es ist 18:30 Uhr, Sie kommen von der Arbeit, wollen noch schnell Ihr Abendessen sichern und hetzen in den Supermarkt. An den zwei offenen Kassen stehen jeweils mindestens zehn bis zwölf Leute. Einige der Anstehenden machen den Eindruck, als hätten sie ohnedies den ganzen Tag Zeit zum Einkaufen. Nun wird es spannend. Einfach mal beobachten: Wer ist ungeduldig, wem passt das jetzt nicht?

Wer wird sich als Erstes aufregen, dass eine Kasse zu wenig offen hat? Nun, der Wetteinsatz zwischen meinem Mann und mir ist fixiert: Der Gewinner kriegt heute die Oberhoheit über die TV-Fernsteuerung.

Wir beobachten das Verhalten. Körpersprache, Verbindungen, Sprache, soweit wir mithören können. Und nun passierte es. Das Ereignis im Ereignis. Eine Frau, die in der Schlange zwei Plätze vor uns steht, verlässt diese kurz, um noch etwas aus dem daneben liegenden Regal zu nehmen. Danach will sie wieder ihren Platz in der Schlange einnehmen. Dass das nicht so leicht funktionieren wird, haben wir schon gesehen, als sie die Schlange verlassen hat. Die Lücke wurde von dem hinter ihr stehenden Herren prompt, selbstsicher und exakt geschlossen. The Show must go on. Jetzt kommt es darauf an: auf die Persönlichkeit, den Charakter, die Erfahrungen der jeweiligen Spieler am Statusspielfeld und darauf, ob jemand Verbündete bekommt. Wie werden sie sich einigen? Werden sie sich überhaupt einigen?

Sie dreht sich um, will wieder auf „ihren" Platz. Er lässt sie nicht und wirft den Fehdehandschuh in ihre Richtung, den sie sofort auffängt. Er duzt sie und sagt: „Dann hätten du die Schlange nicht verlassen oder hättest gesagt, dass du gleich wieder zurückkommst." Sie kontert auf der gleichen Ebene: „Alter, bist du dumm geworden?" Diese Frage beantwortete er mit einem: „Du Prolo, du!" Der Kreis der

Schaulustigen und Eskalationsinteressierten wächst. Der Streit wogt hin und her.

Nun gibt es die Zuwender. Diese verbünden sich entweder mit ihm oder ihr. Wer hat mehr? Mein Mann und ich sind fasziniert und amüsiert. Mein Mann sagt zu mir: „Na komm schon, heute bist du dran, mach schon, regle das! Du musst ja einiges ausprobieren für Buch drei.“ Ich frage meinen Mann, wie viele Sätze ich für die Wiederherstellung der Ordnung verwenden soll. „Einen“, sagt er, „check es mit einem Satz.“ Gesagt, getan, man betreibt ja gerne Feldstudien für sein Buch. Meine 160 Zentimeter Größe rücken sich präsent in den Vordergrund. Schwarz gekleidet mit rotem Rollkragenpulli, einer dicken Silberkette um den Hals und dem fast angeborenen roten Lippenstift. Mit selbstsicherer, klarer und deutlicher Stimme, mich dabei still und heimlich selbst amüsierend, dazu meinen von Freunden so bezeichneten Mafiosi-Blick aufgesetzt, sage ich nur einen harmlosen Satz: „Sie stellen sich jetzt alle ganz brav in die Schlange, bevor ich richtig, richtig böse werde.“ Und das wars, er schüttelt den Kopf, sie senkt den Blick, quetscht sich vor ihm hinein, die Entourage ist still und es geht weiter an der Kasse. Mein Mann grinst über beide Ohren. „Ja, gut, okay, du hast die Wette gewonnen!“

Sie sehen, Statusspiele sind überall, ob im Supermarkt an der Kasse oder in den Topetagen der Wolkenkratzer. Sie begegnen uns und fordern unsere Aufmerksamkeit. Wenn wir ihnen die Aufmerksamkeit nicht geben, kann es sein, dass wir auf die Verliererspur geraten. Statusspiele können wir auf viele Arten spielen. Wichtig dabei ist es, die Spieregeln zu kennen. Die Voraussetzung für das Spiel sind die Spieler und es braucht mindestens zwei. Das Spielfeld ergibt sich.

Die Mittel, über die Status oft transportiert wird, sind zahlreich. Das demonstrative Zurschaustellen nach dem Motto „mein Haus, mein Boot, mein Auto“ ist der Klassiker, aber das ist nur der Tropfen auf dem heißen Stein. Status zeigt sich wie besprochen auf einer äußeren und einer inneren Ebene. Als Hochstatus oder als Tiefstatus.

Statuslüge – wie Status-Fakes Menschen beeindrucken

Äußerer Status ist leicht durchschaubar. Ist er echt oder ist er vorgetäuscht? Ist er nur ein bisschen geschönt oder ist er mit dem Brecheisen hingebogen? Statuslügen und Statusbetrug haben nichts mit echtem Status zu tun. In einer Welt von Social Media ist Täuschung anscheinend das Ass im Spielärmel. Täuschung war vor dem Internet ebenso da, nur da fiel sie nicht so auf bzw. war oft schwieriger nachvollziehbar.

Menschen lassen sich oft sehr lange täuschen. Manche Menschen haben sogar ein lebenslanges Täuschungsticket gebucht. Viele lassen sich kurz oder länger täuschen und fallen dann aus allen Wolken, wenn sie mit der Wahrheit konfrontiert werden. Wenn sie nur ein bisschen recherchiert hätten, wäre ihnen das erspart geblieben. Manchmal fliegt ein Lügner auf, wird aber dennoch weiter geliebt. Warum? Fragen Sie mich das bloß nicht! Das ist etwas, was ich selbst nicht nachvollziehen kann. Entweder will der Schwarm seine Vorbilder nicht aufgeben, auch wenn sie noch so nachweislich faken, weil er ja sonst nichts hat. Meine Vermutung, warum Menschen Lügner, Hochstapler und andere „Helden“ weiter anhimmeln, ist, dass sie die Wahrheit lieber nicht erfahren wollen, weil diese ein ungutes Gefühl verursacht.

In einem guten Gefühl bleiben zu können, könnte ein Schlüssel dafür sein, warum Menschen Lügen verzeihen oder gar nicht wahrhaben wollen. Außerdem muss der Belogene oder Betrogene, wenn er seine Scheuklappen aufbehält, nicht zugeben, dass er sich geirrt hat und hereingelegt oder über den Tisch gezogen wurde. Sehr geschickten Lügnern und Hochstaplern gelingt es sogar, das Ruder noch herumzureißen, wenn sie aufgeflogen sind. Gute Lügen verlangen eben soziales, rhetorisches und kommunikatives Geschick. Manche Lügner kommen durchaus sehr sympathisch rüber.

Denken wir hier nur als Beispiel an Bill Clinton. Sie kennen den berühmten Satz von ihm: „I did not have sexual relations with that woman, Miss Lewinsky." Für viele wirkte er glaubwürdig. Viele fanden ihn, sowohl während er diese Lüge öffentlich verkündete als auch danach, charmant und sympathisch. Oder aber der deutsche Fußballtrainer Christoph Daum. Sein Statement „Ich habe kein Kokain zu mir genommen" erschien vielen unglaubwürdig und sie hatten recht. Bei einer späteren Pressekonferenz, bei der er spitzbübisch wirkte, bestätigte er kindlich lachend: „Ja, Ich habe Kokain zu mir genommen. Die Haaranalyse, die ich machen ließ, war ein Fehler! So hatte ich mir das auch nicht vorgestellt." Ich saß damals vor dem TV-Gerät und verfolgte seine Stellungnahme in der Pressekonferenz nach dem vorliegenden Ergebnis der Haaranalyse. Auch ich fand ihn sympathisch und konnte mir bei dieser Ansage das Lachen nicht verkneifen.

Vielleicht ist in Social Media, im großen sozialen Wohnzimmer Facebook schon aufgefallen, dass jemand, der Status für sich beansprucht oder es schafft, Status vorzutäuschen, fast alles posten kann, was er will. Und wenn es der größte Schwachsinn ist! Die Masse lässt sich gerne täuschen und überprüft vieles nicht. Schwachsinn wird für „cool" befunden, weil der Autor der Postings „Status Cool" hat. Weil es diese „Status Cool"-Person behauptet, muss das einfach so sein. Und hier sind wir wieder bei meiner These: Menschen wollen der Einfachheit halber gute Gefühle und blenden alles aus, was diese infrage stellen könnte. Und das nicht nur in Einzelfällen, sondern in ganzen Schwärmen.

Schwarmverhalten ist ein emergentes Phänomen, aber auch ein emergentes Problem. Dieses Phänomen definiert sich über Netzwerkstrukturen und Netzwerkhierarchien. Die jeweiligen Hierarchien sind meist sehr flach. Da ist der Seiteninhaber und drunter geht's schon rund. Im Unterschied zu den Gammas – das Kollektiv in physischen Gruppen (Rollendynamik in Gruppen) aus dem rangdynamischen Modell des Psychiaters und Psychotherapeuten Raoul Schindler, der einer meiner Ausbildner war – ist der Schwarm im Netz wesentlich schneller und wesentlich effektiver unterwegs. Wenn der Schwarm zerstören will, schafft er das in kurzer Zeit. Zielgenau wie ein Sniper.

Und da wären noch die Abertausenden von Likes, die bei „nicht internationalen VIPs", also bei einem der vielen „wannabes" des heimischen oder deutschsprachigen Raums, einregnen wie bei einem Hurrikan der Stufe fünf. Wer Likes hat, hat scheinbaren Status. Ich kann ja verstehen, dass der Hintern von irgendeiner Kardashian Abermillionen Likes hat, aber warum das Gesicht eines gefakten wannabes oder Influencers dermaßen auf Leute wirkt, das entzieht sich mei nem Verständnis. Aber was solls, jeder soll das machen, was er möchte – leben und leben lassen!

Status ist nicht die reine Äußerlichkeit. Innere und äußere Ebene müssen entweder kompatibel sein oder jemand hat so viel inneren Status, dass es ihm egal ist, wie sein äußerer Status wahrgenommen wird.

Hast du die innere Ebene nicht, bleibt die äußere ein trauriger Selbst- und Fremdtäuschungsversuch. „Fake it til you make it" ist der Leitspruch von vielen. Meist bleibt nur „Fake it" übrig. Dennoch: Viele Menschen sind über die Statuslüge bekannt oder sogar berühmt geworden. Manche spielen es sogar noch nach dem Auf-die-Schnauze-Fallen perfekt inszeniert weiter und das Publikum ist dankbar, checkt nichts und applaudiert. Weil ... es erzeugt ja ein gutes Gefühl.

Der Fall „Heiratsschwindler" – die 5-T-Methode

Wie weit sich Menschen täuschen lassen, zeigt dieses dramatische und nicht unübliche Beispiel eines Heiratsschwindlers. Es war eine private Ermittlung von Detektiven, bei der ich als Verhaltensanalystin mit an Bord war. Dieser Mann täuschte über äußeren und auch inneren Status sensationell gut hinweg. Und zwar so gut, dass er viele Frauen um jede Menge Geld erleichterte. Genau darauf sprangen die Frauen in Social Media an. Status. Geld. Der Mann schien gut situiert zu sein. Nicht besonders gutaussehend, aber im Schriftverkehr bereits sehr amüsant, charmant und er klang gebildet.

Ein gut gemachtes Facebookprofil unterstützte ihn bei der Suche nach seinen Opfern. Ein Foto von ihm vor dem Lamborghini, so als wäre es nebenbei fotografiert und nicht inszeniert, ein Foto von ihm und scheinbar wichtigen Menschen in teuren Restaurants, ein Foto beim Spaziergehen in der Münchner Innenstadt, bei dem man die Namen der Markendesigner auf den edlen Papiertaschen sehen konnte, die er ebenso scheinbar zufällig vor der Kamera positioniert hatte, so dass man sich das Label gerade noch zusammenreimen konnte. Er wusste, wie es geht, und spielte das Statusspiel perfekt. Dieser Mann war gefährlich. Er gefährdete die Existenzen von Frauen und trat ihre Seelen mit Füßen. Er war hochgradig narzisstisch.

Die Vorgehensweise von Herrn Heiratsschwindler in der „Akquise" der Frauen war stets dieselbe:

1.) Fishing: Die Auswahl des perfekten Opfers – Frauen zwischen 45 und 60, Witwen oder Singles, gut situiert, niveauvoll und am besten kinderlos. Er hatte eine Antenne für Frauen, die auf ihn anspringen würden und eine hohe Fishing-Kompetenz. Wenn er eine Frau aus dem Social-Media-Fischpool geangelt oder getindert hatte, startete er mit einer intelligenten und charmanten Nachricht über den Facebookmanager.

Er fand über seinen psychologisch genial aufgebauten Schriftverkehr sehr schnell sehr viel über die Frauen heraus. Vor allem über ihre Schwächen und Stärken. Die Schwächen der Frauen parkte er vorerst, das Wissen darüber benutzte er noch nicht. Jetzt setzte er auf die Stärken der Frauen, um ihnen zu schreiben, wie toll sie wären.

Nach Phase 1, dem Fishing, ging er in Phase 2 über: Lovebombing. Er überdeckte sie mit Zuwendung, edlen Geschenken, spielte den Rosenkavalier, war der perfekte Liebhaber und spann die Frauen in seinen Liebeskokon ein, bis diese fest darin hingen. Er zeigte in jeder Sekunde, dass er der perfekte Mann war. Er machte sich zum Beschützer, Gleichgesinnten oder welche Rolle vonnöten war, um weiter auf der Liebesspur zu bleiben. Wenn er den Eindruck hatte, dass seine Zielfrau schon heftig in ihn verliebt war, startete er Phase 3, das Testing. „Schatz, ich muss dann mal weg." Er erzählte, dass er dringend für eine Woche geschäftlich verreisen musste.

„Aber Schatz, wir telefonieren, wir skypen, wir whatsappen und ich bin ja bald wieder da." Gesagt, getan. Er verschwand. Wahrscheinlich nutzte er diese Woche gleich im nahen Umfeld, um die nächsten Opfer zu fischen, denn er war nicht verreist, sondern er testete schlicht und einfach den Liebesstatus der Opfer aus. Er meldete sich nicht und war auch nicht erreichbar. Die ganze Woche nicht. Die verliebten Frauen rotierten vor Sorge, Angst und Wut.

Sie spannen sich alle möglichen Geschichten aus. Als er dann nach einer Woche wieder da war, waren sie zwar kurz wütend, weinten, erlagen aber rasch wieder seinem Charme, seinem Lovebombing, und glaubten seine Lügen vom verlorenen Telefon und warum er sonst keine Gelegenheit gehabt hatte, sich zu melden. Es gibt ja sonst keine Möglichkeiten. Frau glaubt eben gerne, was sie glauben will.

Ja, so ein chemischer Zustand, Verliebtheit, kann einem echt zu schaffen machen. Jetzt war sie so weit, die Beute, die Zielfrau! Das Opfer war bereit, abgezockt zu werden, bereit, psychisch wie auch oft physisch malträtiert zu werden. Die Opfer verziehen, ließen sich abzocken, verfielen, wurden ausgesaugt, ausgeblutet, liegen gelassen. Und warum? Sie waren auf eine Kette von psychologischen Spielen hereingefallen unter anderem auch dem Spiel auf allen Statusebenen.

Die Vorgehensweise von vielen Heiratsschwindlern respektive reinen Narzissten auf der Objektsuche fasse ich in meiner 5-T-Methode zusammen. Nachdem die perfekte Kandidatin gefischt ist, beginnt die erste Phase.

Phase 1: Turteln – hier beginnt es mit dem Flirten und geht sehr rasch über zu Lovebombing, wie ich schon vorab beschrieben habe. Statusspiele haben eine wichtige Rolle in dieser Phase, äußerer Status, innerer Status, Hoch- oder Tiefstatus. Diese Phasen wechselt oder der Schwindler benutzt sie, wie er sie gerade braucht.

Phase 2: Testen – diese Phase habe ich oben beschrieben, z.B. verschwindet er und taucht irgendwann wieder auf.

Phase 3: Tarnen – wenn die ausgewählte Frau getestet ist und richtig an der Angel hängt, tarnt der Betrüger sich noch gezielter gegenüber dem Opfer und dem Umfeld des Opfers und beginnt, über Statusspiele und Psychospiele zu manipulieren. Das Opfer wird destabilisiert und von Umwelt und Außenwelt isoliert.

Phase 4: Täuschen – immer wieder täuscht und belügt er seine Opfer. Er baut komplexe Lügenkonstrukte auf. Dank seiner guten Rhetorik und eines Meisterwerks an Ausreden schafft er es immer wieder, den Kopf aus der Schlinge zu ziehen.

Phase 5: Treten – er zeigt vorerst sachte sein wahres Gesicht. Er beginnt psychisch oder physisch zu attackieren, zu destabilisieren. Da die Gefahr am Anfang einer Beziehung noch relativ groß ist, dass das Opfer ihn verlässt, kehrt er nach jeder Attacke, nach jedem psychischen oder physischem Tritt, zum Lovebombing zurück. Die Frau verzeiht, sucht für ihn Ausreden, gibt sich letztendlich selber die Schuld. Natürlich wird Statusverhalten, wie zu Beginn dieses Falles geschildert, nicht immer missbraucht. Allerdings lohnt es sich, wie Sie hier sehen, Auffälliges zu hinterfragen und zu überprüfen. Zumindest dann, wenn es um etwas Wichtiges geht. Nicht überall, wo Status draufsteht, ist Status drin.

Statusalarm

- ➔ Glauben Sie nicht alles, was Sie sehen und hören. Seien Sie achtsam!
- ➔ Hinterfragen Sie oder, wenn es für Sie wichtig sein kann, recherchieren Sie.
- ➔ Die fünf Phasen der Falle am Punkt: Turteln, tarnen, täuschen, testen und treten.

Der Fall „Negotiation“ – warum gute Vorbereitung essenziell ist

Begeben wir uns wieder auf das Statusspielfeld. Nicht alles, was nach Selbstsicherheit aussieht und vor Souveränität strotzt, ist auch tatsächlich selbstsicheres Verhalten. Innerlich kann es bei einem Menschen vollkommen anders aussehen. Ich war als Analystin und Strategin für eine Negotiation in einer Schweizer Anwaltskanzlei gebucht. Es ging um einige Millionen Euro, die ausverhandelt werden mussten.

Meine Aufgaben waren es, die Anwälte und den Klienten strategisch und verhaltenstechnisch zu briefen, den cholerischen Klienten unter Kontrolle zu haben, die Strategie der Gegner herauszufinden und unsere Strategie gegebenenfalls zu ändern.

Das Spielfeld bestand aus der Gegenpartei, bestehend aus zwei Vorständen eines internationalen Konzerns mit ihrem Anwalt, des Klienten der Kanzlei, dem Junioranwalt dieser Kanzlei, einer Protokollarin und mir.

Wir hatten im Vorfeld unterschiedliche Möglichkeiten und deren Auswirkungen durchgespielt. Und wie vorausgeahnt, ging der Gegner mit einer offensiven Strategie in die Verhandlungsarena. Und das war die Strategie, die meinem Auftraggeber, dem Anwalt, am unangenehmsten war. Denn diese erforderte von ihm einen hohen inneren Status und einen extrem hohen äußeren Status in der Verhandlungsführung.

Er war ein ausgezeichneter Anwalt, der aber lieber auf der kooperativen Ebene handelte und sich mit Statusspielen nicht besonders wohlfühlte. Noch dazu war es sein erster wirklich großer Auftrag, mit dem er von seinem Seniorpartner beauftragt worden war. Der Seniorpartner wollte nicht dabei sein, weil er es nicht aushielt, nichts zu sagen. Deshalb war ich dem verhandelnden Anwalt als strategische Unterstützung zur Seite gestellt worden.

Die Idee mit dem kooperativen Ansatz konnte hier nicht mehr fruchten, dieser Zug war im Vorfeld in den ersten Gesprächen schon abgefahren. Die Gegenpartei und deren Anwalt machten es ihm nicht leicht. Er kämpfte tapfer und ich merkte, wie sehr er unter Stress stand. Er zeigte Stressphänomene wie Flecken am Hals, wischte seine vermutlich klatschnassen Hände an den Oberschenkeln ab und auf seiner oberen Stirnhälfte bildeten sich Angstfalten. Das Gute war, dass die Gegenpartei in Rage war und nicht bemerkte, wie unsicher sich der Anwalt fühlte.

Er blieb nach außen hin souverän und gelassen, ließ sich weder provozieren noch beeindrucken, führte sofort bei jedem Angriff auf die sachliche Ebene und zu Lösungen zurück.

Er zog seine Strategie beinhart durch, und zwar so lange, bis die Gegenpartei dem Deal zustimmte. Wir schlossen erfolgreich ab, die Gegenpartei verließ den Raum. Plötzlich passierte es! Der Junioranwalt stand zwischen Tisch und Sessel, wechselte die Gesichtsfarbe, wurde bleich, sackte auf dem Sessel zusammen und sagte: „Madonna, was für eine Scheiße!" Er zitterte und der Stress der letzten drei Stunden brach aus ihm heraus. Mit einem „Fuck, war das anstrengend!" und einem Kopfschütteln erkannte er, dass sein Statusspiel einen Erfolg von mehreren Millionen Euro für den Klienten eingefahren hatte und der Anwaltskanzlei ein großartiges Sümmchen an Honorar einbrachte. Das kam sicher gut an beim Seniorpartner. Die Anstrengung hatte sich gelohnt.

Statusspiele

- ➔ Gehen Sie nie ohne durchdachte Strategie in wichtige und schwierige Gespräche.
- ➔ Trainieren Sie sich in Souveränität und Gelassenheit.
- ➔ Lassen Sie sich nicht provozieren.
- ➔ Bei Angriffen bleiben Sie auf der sachlichen Ebene und holen auch Ihre Gesprächspartner immer wieder dorthin zurück.

Körperstatus 1 – wie der Körper mit uns spricht

Unser Körper ist in vieler Hinsicht unser Tempel. Gesundheit, Fitness, psychisches Bewusstsein, unsere Fähigkeiten, unsere Intelligenz, das alles definiert unser Leben. Das alles sollten wir pflegen und bewusst damit umgehen.

Im Zusammenhang mit Status verrät unser eigener Körper uns selbst, aber auch allen anderen, viel über uns. Das beginnt bei unserem Selbstbild, führt über unser Auftreten nach außen, wie wir schon gesehen haben, unsere Wirkung auf andere und unsere Kommunikation.

Unser Körper spricht Status. Permanent. Wir müssen nur hinhören.

Wirkung beeinflussen durch Körpersprache

Drehen Sie den Fernseher auf und sehen Sie sich eine Nachrichtensendung an. Nehmen wir gleich die nicht unwesentliche Gruppe der Politiker, ob national oder international. Statusverhalten ist immer beobachtbar. Und hier ganz besonders, denn diese Menschen repräsentieren etwas. Nämlich ihr Land. Politiker spielen unbewusst wie jeder andere Mensch auch ihr Statusspiel. Viele dieser Statusspiele laufen aber nicht auf unbewusster, sondern auf bewusster Ebene ab. Das Statusspiel ist ein Teil der Aufgabe, ein Teil der Position. Es ist ein Erfordernis. Wer es besser spielt, lukriert mehr Gewinn, mehr Ansehen, mehr Presse und somit mehr Fokus auf sich.

Wir reden hier nicht nur vom kleinen nationalen Politparkett, sondern von der internationalen Arena und Showbühne der Supermächte. Die Menschen, die vor den Fernsehern sitzen, Zeitungen lesen und die Fotos sehen, die Menschen, die bei politischen Auftritten Zuschauer sind, die der Rede im Radio lauschen, diese sind es, die sofort erkennen sollen, wer der Alpha ist, wer „Big Daddy" oder „Cool Mama" ist, wer den Platzhirschanspruch hat, wer die Eminenz ist und wer das sagen hat.

Optische Statuswirkung hat nicht immer etwas mit Statussymbolen, wie der neuesten Rolex oder Panerai am Handgelenk, dem Maybach oder Lamborghini, zu tun. Denn die teuerste Uhr und der Lamborghini nützen dir nichts, wenn deine Körpersprache einen alten orangen Opel Rekord repräsentiert, der nicht anspringt. Hier geht es um Ausstrahlung und Wirkung und diese lebt durch Mimik, Gestik, Körpersprache, Gang, Stand, Einstellung und natürlich vom Mindset. Das, was man wie über sich denkt, das, was man von sich hält, wird außen als Verhalten wahrgenommen.

Statuswirkungsunterstützende Faktoren sind ebenfalls gutes Benehmen und manchmal auch gezieltes und gut trainiertes respektloses Benehmen – wenn man es kann –, wie Putins im Sitzen stets weit gespreizte Beine. Und natürlich auch der Wirkungsfaktor „Kleidung und Styling". Denn wenn ein Mensch tatsächlichen inneren Hochstatus hat, kannst du ihn vorher durch den Schlamm gezogen auf die Bühne stellen und jeder wird sehen, dass er Hochstatus hat. Definitiv hat jedes Statusspiel Auswirkungen und Konsequenzen.

Mit der Körpersprache drückt man Hochstatus oder Tiefstatus aus. Körpersprache kann vieles, sie transportiert oder unterstreicht Botschaften, bewertet, wertet auf oder wertet jemanden ab. Körpersprache kann durch ihren Ausdruck eine Beziehungsebene im Gespräch zerstören, Gesprächspartner einbeziehen oder ausgrenzen, Revierverletzungen begehen, Revieransprüche stellen, den ersten Eindruck von sich zerstören, an Eindruck gewinnen lassen, Sympathie und Zuversicht oder Ignoranz und Arroganz unterstreichen bzw. ausdrücken.

Genau wie in der Sprache gibt es auch in der Körpersprache Missverständnisse. Jeder von uns hat sich zu seinem körpersprachlichen Basisprogramm noch seine individuelle Körpersprache, wie z.B. die klassischen Begrüßungsrituale, Rituale aus Gruppierungen in den Schulen oder aus Subkulturen, angeeignet.

Die Body-Mind-Connection

Wenn es innen passt, passt es außen auch. Das ist meine Devise. Arbeit an der Körpersprache hat viel mit dem „Innen" einer Person zu tun. Eine sich selbstbewusst fühlende Person hat eine selbstbewusste Körpersprache. Eine sich unsicher fühlende Person hat eine unsichere Körpersprache. Unsere Body-Mind-Connection arbeitet ständig für uns. Mit Body-Mind-Connection meine ich das Zusammenwirken und Zusammenspiel von Körper und Geist.

Was der Mensch wie denkt, hat Einfluss auf seine Körpersprache und Befindlichkeit und umgekehrt hat die Körpersprache Einfluss auf unsere Gedanken und Befindlichkeit. Das bedeutet, dass Sie Einfluss auf Ihre Befindlichkeit haben. Stimmt! Denn wer mich kennt, weiß, dass ich ein leidenschaftlicher Mensch bin. Und ich kann mich – wenn ich will – auch ziemlich leidenschaftlich ärgern. Früher ärgerte *es* mich! Und heute entscheide ich, ob ich mich überhaupt ärgere. Ja, ärgern ist für mich zu einer bewussten Entscheidung geworden. Ein Ereignis passiert und ich trete einen Schritt zurück, entweder körperlich oder, wenn die Situation kein körperliches Zurücktreten erlaubt, dissoziiere ich mich innerlich. Ich entscheide, was ich mit diesem Ereignis mache, und überlasse nicht dem limbischen System den Dauerzugriff auf meine Befindlichkeit.

Manchmal sage ich mir: „So, jetzt ärgere dich einfach ein paar Minuten. Komm schon Patricia, ärgere dich aus, tobe, brülle, kreische hysterisch, ja, jawollllllll, lass es raus!" Das passiert nur, wenn ich alleine bin. Aber da koste ich es voll aus. So und nun der andere Fall. Ich treffe die Entscheidung, mich nicht zu ärgern. Wie geht denn das bei einem leidenschaftlichen Menschen? Ich spanne keine Muskeln in meinem Körper an. Ich lasse sie bewusst locker. Alle! Auch die Muskulatur des Hinterteils. Richtig gut funktioniert es, wenn alle Muskeln ohne Anspannung sind und auch Ihr Hintern so entspannt ist, dass Sie mit Ihren Pobacken keine Münze halten könnten. Wenn die Münze fallen würde, sind Sie in der richtigen Position.

Ein entspannter Körper kann sich nicht ärgern, ein angespannter schon. Mit einem angespannten Körper kommen sie in einer Tausendstelsekunde von 0 auf 180. Also, vertrauen Sie Ihrer Body-Mind-Connection, sie funktioniert in beide Richtungen. Das bedeutet auch, wenn Sie sich nicht selbstbewusst fühlen, dass Ihnen in diesem Moment eine selbstbewusste Körpersprache über schwierige Situationen drüber helfen kann.

Lernen Sie also, Ihre Körpersprache und Ihre Befindlichkeiten in schwierigen oder aufregenden Situationen durch bewusste Körpersprache zu kontrollieren und somit in diesem Moment zu einem besseren Ergebnis zu kommen. Denn die Connection zwischen Körper und Geist passiert auf chemischer wie auf physikalischer Ebene. Damit sind auch Emotionen, Gedanken, Einstellungen und Überzeugungen gemeint, welche man gesamt als „mentale Zustände“ definiert.

Unsere Nerven-, Immun- und Hormonsysteme kommunizieren permanent mit dem Körper, indem sie Botenstoffe wie Hormone und Neurotransmitter aussenden.

Statusalarm

- ➔ Wenn ein emotionales Ereignis eintritt, achten Sie auf Ihren Körper.
- ➔ Ein entspannter Körper verhilft Ihnen zu souveräner Vorgangsweise.
- ➔ Eine mächtige Körpersprache, wie die Power Pose, über die ich später noch schreibe, kann Ihnen mehr Macht und Wirkung verleihen.

Die Eigen- und Selbstwahrnehmung

Gerade in Zeiten wo wir im – entschuldigen Sie bitte folgende emotionale Ausdrucksweise – „Botox-Arschfett-Facetuning-Boom“ leben, stelle ich mir oft die Frage nach der Selbstwahrnehmung. Ein Teil meiner Arbeit ist es, die verborgenen Emotionen in den Gesichtern von Menschen zu lesen. Diese verborgenen Emotionen zeigen sich oft in Bewegungen, die nur ca. 200 Millisekunden dauern.

Grundsätzlich achte ich auf das, was sich zeigt und echt ist, aber ich achte auch auf das, was nicht sichtbar ist, es aber sein sollte und auf das, was auftaucht und nicht dazu passt. Bei den Videoanalysen, die ich z.B. für Staatsanwälte, Rechtsanwälte, Richter, öffentliche oder private Ermittler oder Medien mache, passiert es oft, dass ich vor mir stark

„gebotoxte“ Gesichter am Bildschirm habe. Schon spannend, was Botox macht. Bei zu häufiger und großzügiger Anwendung nimmt es dem Gesicht das Leben, es nimmt den Ausdruck bis hin zur Echtheit des Lachens. Ein echtes Lachen sieht plötzlich aus wie ein Fake-Lachen. Es erschreckt mich, wie sich die Selbstwahrnehmung nach jeder Spritze oder OP vom Menschen abwendet. Die Menschen sehen sich nicht mehr so, wie sie tatsächlich sind. Anscheinend blenden Sie sogar Verunstaltungen aus. Der Preis dafür ist hoch. Jede Würde und Natürlichkeit weicht bei zunehmender bewusster Veränderung des Gesichts aus demselben.

Der Fall „Fix Angst im Gesicht“ – Status-Selbstwahrnehmung

Mein Mann und ich waren auf einem Businessevent. Er meinte plötzlich: „Starr die Frau nicht so an!“ „Ich muss“, sagte ich, „ich muss.“ Jemand hat ihr Überraschung und Angst ins Gesicht operiert. Ich bin fassungslos. „Schau mal, oberhalb der Pupille sind dauerhaft drei Millimeter Sklera (Augenweiß) sichtbar und sie kann es nicht wegmachen. Und die Stirn ist so hochgeschraubt, dass ihre Augenbrauen um zwei Zentimeter zu hoch sind. Ich fass es nicht, ich fass es nicht, das ist Körperverletzung!“

Spannenderweise – ich war fasziniert und beobachtete sie ständig – führte sie immer nur kurze Gespräche. Die Menschen wandten sich nach kurzer Zeit ab. Ja, das ist ein Problem. Wenn ein Gesicht keine Mimik hat, wirkt es auf andere suspekt. Und das noch größere Problem dabei ist, dass stark und immer wieder gebotoxte und operierte Menschen oft ihre gesunde Selbstwahrnehmung verlieren und sich ganz weit von sich selbst entfernen.

Normalerweise beurteile ich lediglich, was ich sehe, und verurteile es nicht! In solchen Extremfällen muss ich mich bemühen, bei der Beurteilung zu bleiben! Wobei eine Verurteilung wohl weniger in Richtung des „Patienten“ gehen würde.

Um wenig Selbstwahrnehmung zu haben, muss man aber nicht immer gebotoxt sein. Ich analysiere sehr oft Politikerpersönlichkeiten wie Trump, Obama, Putin, Merkel und auch unsere Österreicher sind und waren oft ein großer Teil meiner Analysearbeit für Medien.

Zum Thema „Selbstwahrnehmung“ fällt mir Donald Trump ein, Elefant im Porzellanladen, Terminator der Eleganz. Trump wirkt auf mich wie ein Mensch ohne Empathie und ohne Selbstwahrnehmung. Er schafft es in kurzer Zeit, Begrüßungsrituale zu zerstören, ohne es zu bemerken. Er ist der Bulldozer unter den Baggern. Er ist das Krokodil im Teich der Kois. Er irritiert die Begrüßung nicht, er terminiert sie. Das Einzige, was er tatsächlich checkt, sind die Kameras. Die nimmt er wahr.

Was ist nun also aus Sicht der Verhaltensanalyse los mit seiner Selbstwahrnehmung? Brutal gesagt, ich habe sie bei ihm gesucht und nicht gefunden. Dieser Mann scheint kein Gefühl für sein Umfeld und sich selbst zu haben. Aber er hat einen Vorteil – er ist ein Role Model für Authentizität. Trump ist echt. Echter geht es nicht. Und er ist aus meiner Sicht auch beratungsresistent. Jeder große Politiker hat seine Berater. Auch Trump. Nun, ich gehe davon aus, dass ihm schnurzpiepegal ist, was ihm Berater raten. Sind sie ihm unangenehm oder nerven ihn, wirft er sie raus! Machen was Berater sagen? Trump – niemals.

Ich definiere Selbstwahrnehmung als das, wie wir uns selbst erleben. Selbstwahrnehmung bringt uns dazu, uns einzuschätzen und unser Verhalten zu bewerten. Dabei sollten wir unser Tun erfassen können, wir sollten bemerken, was wir tun und wie wir damit bei anderen ankommen. Was macht mein Körper, welche Emotionen bemerke ich gerade und welche tiefen Gefühle spielen sich in mir ab? Selbstwahrnehmung ist die Erkenntnis über mein Ich, über mein Wirken und meine Auswirkungen im Leben und der Gesellschaft. Menschen mit einer aktiven und gesunden Selbstwahrnehmung schauen und hören in sich hinein, reflektieren und korrigieren. Schlicht und einfach bedeutet das: Sie entwickeln sich weiter. Das alles braucht Herr Trump scheinbar nicht, er ist ohnehin da, wo er hinwollte, an der mächtigsten Position der Welt. Mächtiger geht wohl nicht mehr.

Um sich im Bereich „Statuswirkung" weiterzuentwickeln, ist es wichtig, offen und ehrlich in sich hineinzuschauen. Manche Menschen kriegen von sich selbst nichts mit, sie scheinen in einer Art Trance, Alltagshypnose, Selbstverliebtheit oder in einer riesigen rosa Blase gefangen zu sein. Unser Selbstbild setzt sich aus der Selbst- und der Fremdwahrnehmung zusammen. Deshalb lohnt es sich – gerade wenn es um die Entwicklung Ihrer Statuswirkung geht – sich mit Selbst- und Fremdbild auseinanderzusetzen.

Natürlich ist das Statusspiel auch ein Strategiespiel rund um die Selbstwahrnehmung. Es gibt geniale Schachzüge, die gewiefte Statusspieler machen können – ausgehend vom Königsangriff bis zum Schachmatt. Dennoch gibt es einen Unterschied zum Schachspiel: Beim Schachspiel gibt es feste Regeln und bestimmte Züge, die man machen kann. Es muss immer einer nach dem anderen auf den 64 Feldern ziehen. Diese Regel gilt beim Statusspiel nicht, denn ich kann als Statusspieler den Königsangriff in mehreren Zügen hintereinander bis zum Schachmatt durchziehen.

Wenn ich Statusspiele mitspielen will, kann es sein, dass ich dadurch auch mal Sympathien verliere. Dann muss ich mir überlegen, ob der Gewinn überwiegt oder ob es aus taktischen Gründen einen größeren Benefit bringen kann, wenn ich – entgegen meines Selbstbildes – bewusst einen Tiefstatus einnehme, wie wir es weiter vorne schon besprochen haben. Wie auch immer es läuft: Machen Sie es zu Ihrem Spiel!

Der Fall „Neuer Kunde“ – Statusverhandlung

Ich sitze in meinem Auto auf dem Parkplatz vor dem Café Landtmann in Wien in der Nähe meines Büros. Von hier aus kann ich das Traditionskaffeehaus gut sehen Mein möglicher neuer Klient, ein Spitzenmanager der Oberliga, wünscht ein Gespräch mit mir. Er ist bei seinen Mitarbeitern sehr gefürchtet und auch so sollte man vorsichtig sein, sich mit ihm anzulegen. Allerdings will er nicht in mein Büro kommen, denn das wäre ja die Höhle der Löwin, auch sein Büro soll aber nicht der Ort der Zusammenkunft sein, denn es soll niemand sehen, dass ich geschäftlich zu ihm komme. So einigten wir uns auf das Café Landtmann.

Weil ich gut einschätzen kann, was mich auf Ebene des Status erwartet, spiele ich bereits Status, bevor ich ihm begegne. Es ist mir ein Anliegen, immer pünktlich zu sein, deshalb hoffe ich, dass der Klient pünktlich ist. Denn ich möchte nach ihm das Café betreten. Jawohl, ich bin zwar überrascht, aber er betritt bereits vier Minuten „vor pünktlich“ das Kaffeehaus.

Ich sehe vom Auto aus, wie er im Wintergarten Platz nimmt. Das Statusspiel ist im Laufen. Auf die Minute – ich will es ja nicht übertreiben und zu spät kommen – betrete ich den Wintergarten. Wie wird er reagieren? Wie wird sein Benehmen sein, wie seine Körpersprache, auf welcher Ebene werden wir spielen? Normalerweise überlege ich mir vorher bei solchen Terminen nicht unbedingt, wie ich diese Begegnung gestalte, ich bin eine sehr gute Kommunikatorin, weiß, wer ich bin, weiß mich auf dem Business- und

Statusparkett ohnehin gut zu bewegen. Aber in diesem Fall setzte ich auf sehr bewusste Vorbereitung.

Der Serviceleiter begrüßt mich freundlich und mit Namen, da ich öfter Gast bin, und bringt mich zum Tisch. Mein Klient steht auf, kommt hinter dem Tisch hervor, geht mir einen Schritt entgegen. Er begrüßt mich mit gerader Kopfhaltung und streckt mir seine Begrüßungshand schräg von oben entgegen, mit dem Ziel, meinen Handrücken etwas nach unten zu drücken. Da bin ich dabei, denn damit kenne ich mich aus. Das ist mein Metier. Ich antworte sofort und sehr deutlich, indem ich mit großer Selbstverständlichkeit meine Hand drehe und so seine Hand genau in die Mitte zurückdrücke. Gleichstand. Ich schaue ihm mit ebenfalls gerade gehaltenem Kopf direkt in die Augen.

Er ist kurz irritiert, setzt dann aber eins drauf: Er legt seine linke Hand auf meinen Oberarm. Eine Macht- und Dominanzgeste also. Ziemlich frech finde ich. Voll daneben, ich bin eine Fremde und nicht seine Freundin. Ich antworte im Doppelrückschlag. Ich strecke den Zeigerfinger meiner rechten Hand aus, drücke diesen gegen seinen Puls und packe meine linke Hand auf seine mich begrüßende Handschlaghand drauf. Double Whopper mit gestrecktem Zeigefinger. Ich blicke noch immer geradewegs in seine Augen und er senkt kurz den Blick. Passt! Meine Positionierungsstrategie hat funktioniert und es steht eins zu null für mich.

Er sagt: „Schön, dass ich Sie endlich kennenlerne.“ Ich antworte: „Ich freue mich auf dieses Gespräch.“ Nun entspannt sich die Situation sofort, indem ich meinen Kopf etwas schieflege und ihn anlächle. Sein Kopf geht konform mit meinem, er lächelt, wir setzen uns und führen ein sehr kooperatives Gespräch.

Manchmal machen Menschen solche Statusspielaktionen, um die eigene Unsicherheit zu überspielen. Und mein Klient verbalisierte dieses Szenario auch nach einer Weile unserer Zusammenarbeit: „Ich war ziemlich unsicher, als ich Sie zum ersten Mal getroffen habe, und vorab schon aufgeregt. Denn man sagt Ihnen ja nach, dass Sie einem bis in Seele blicken. Deshalb wollte ich besonders stark rüberkommen." Dass ich aber vorher schon aus Status-Testgründen in meinem Auto gesessen hatte, erwähnte ich dann doch nicht. Lieber Klient, ich weiß, dass Sie dieses Buch lesen werden. Ich lege meinen Kopf gerade schief und lächle und ich weiß, unsere Geschäftsbeziehung ist stark genug, uns gegenseitig auszuhalten.

Wenn eine Person körpersprachlich einen hohen Status einnimmt, sind seine Bewegungen klar und zielgerichtet, aber auch bestimmt, dynamisch bis hin zu geschmeidig. Die Kopfhaltung ist bei einem hohen körpersprachlichen Status sehr gerade und der Kopf bewegt sich kaum. Wenn sich jemand hingegen in einem Tiefstatus befindet, sind seine Bewegungen oft sehr fahrig, unkoordiniert, plötzlich und tollpatschig. Der Kopf wird meistens schräg- oder schiefgehalten.

Status, Macht und Wirkung über Körpersprache

Der soziale Entwicklungsstand, das Ansehen, die Geltung und die soziale Wertigkeit – all das, was unseren Status ausmacht – wird über Körpersprache sichtbar. Menschen zeigen ihren Status über die Signale des Körpers. Auch hier gibt es wieder das Gefälle zwischen Hoch- und Tiefstatus. Manche Menschen haben sehr klar erkennbare Tendenzen und andere Menschen wechseln ihren Status je nach Kontext und Gegenüber. Wenn eine Person im Hochstatus ist, wird sie meist als sehr willensstark, kompetent und autoritär wahrgenommen. Wogegen Tiefstatus im besten Fall als sympathisch oder im nicht optimalen Fall als Unsicherheit, Schüchternheit oder „Einschleimen" wahrgenommen wird.

Ich möchte beim Statusverhalten nicht von *richtig* oder *falsch* reden, sondern von förderlich oder hinderlich. In welcher Situation ist etwas förderlich und hilfreich und wo könnte es mich am Erfolg hindern? Deshalb geht es darum zu wissen, wo welcher Auftritt bzw. welcher Status mir in einer Situation hilfreich sein kann.

Wenn hochrangige Politiker am politischen Parkett unterwegs sind, um andere staatstragende Politiker zu treffen, ist das Statusspiel oft schon vorher mit den Beratern besprochen und wird dann live inszeniert. Das Begrüßungsritual bei einem Staatsbesuch wird oft im TV übertragen, deshalb sind viele Politiker darauf aus, hier bereits zu punkten. Die Kleidung, die Mimik, die gesamte Körpersprache, aber auch Stimmeinsatz und Wording sind oft wohlüberlegt und geplant. Beobachten Sie doch mal aus der Ferne eine Menschengruppe. Bestimmt können Sie sehen, wer sich durchsetzen kann, wer sich anpasst oder unterordnet, wer das Gespräch leitet und lenkt und wer sich leiten und lenken lässt. In jeder Gruppe bzw. Organisation gibt es Hierarchien, formelle und informelle, Machtspiele, Statusspiele, Dominanz und Submissivität, also Unterwerfung. Wer wendet sich jemandem zu, wer wendet sich ab? Wer steht im Gefüge der Gruppe, wer darf nicht rein? Wer hat das Sagen, wer dominiert, wer hat Hochstatus- und wer hat Tiefstatuswirkung auf Sie?

Immer wenn sich Menschen gruppieren, werden die Spielkarten von Status, Hierarchie, Macht, Einfluss, Dominanz und Submissivität neu gemischt. Status verändert sich, Macht hat ein Gefälle, genauso wie Dominanz und Submissivität. Dominanz und Submissivität sind nicht immer offensichtlich. Statusprofis spielen undercover mit Dominanz und Submissivität. Die Anwendung von Dominanz wird sehr subtil eingesetzt, sodass der Gesprächspartner oder die Gesprächspartnerin oft gar nicht bemerken, was gerade passiert.

Ein gutes Beispiel ist das Begrüßungsritual. Wenn die Hand von schräg oben kommt und der anderer legt sie wie in eine vorgegebene Form gewünscht hinein, ohne dabei die Hände in die üblicherweise Senkrechte zu bringen, gewinnt die von oben kommende schräge Dominanzhand. Dazu erfahren Sie aber mehr nachfolgend, bei den Analysen der Politiker.

Statusgang – warum der Gang viel über uns verrät

Die Kärntnerstraße oder der Graben, Nobeleinkaufsstraßen in Wien sind für mich ein wunderbarer Beobachtungs-Catwalk! Wenn ich einen Termin in der Innenstadt habe, sitze ich gerne vor oder nach einem Termin in einem Kaffeehaus im Gastgarten und beobachte die Menschen, wie es ihnen geht! Buchstäblich, denn wie es ihnen geht, lässt sich vom Gang, also von der Art und Weise, wie jemand geht, gut beobachten und interpretieren. Gehen steht für Fortbewegung. Leben ist Bewegung: fortbewegen, weitergehen, voranschreiten, seinen Weg gehen, bloß nicht zu lange auf der Stelle treten, es muss immer weitergehen, der Weg des Scheiterns oder des Erfolgs – all das steht für diese stetige Dynamik.

Wussten Sie zum Beispiel, dass Ultraschallaufnahmen beweisen, dass Babys bereits im pränatalen Zustand Untergrund suchen? Sie stoßen sich an der Gebärmutter ab und treten. Die hängen dort nicht chillend ab, sie bewegen sich und sie entwickeln sich zu wunderbaren Geschöpfen. Manche Kleinkinder laufen schon mit acht, andere erst mit fünfzehn Monaten. Gehen lernen ist ein komplexer Vorgang, der uns alle prägt. Viele Körperteile des Babys müssen sich koordinieren und gut zusammenarbeiten. Das Gehirn leitet den Gehvorgang in die Wege, ein Nervenimpuls, der über das Rückenmark läuft, gibt dem Muskel die Anweisung, was zu tun ist. Motoneuronen haben die Aufgabe, dafür zu sorgen, dass sich Arme und Beine richtig, zielorientiert und mit Balance bewegen. Später geht und läuft alles wie geschmiert von ganz alleine!

Sie sehen schon: Wir wollen uns fortbewegen, weitergehen und weiterkommen. Und die Art und Weise, wie wir das tun, gibt Information darüber „wie es uns geht". Die Art und Weise, wie wir gehen, hat Einfluss darauf, wie wir durchs Leben gehen und welchen Fußabdruck wir hinterlassen. Und nicht zuletzt hat unser Gang Auswirkung darauf, wie wir wahrgenommen werden. Geduckt und klein oder stolz, aufrecht und erhaben?

Eine Dokumentation über den grausamen Serienmörder Ted Bundy führte aus, dass er seine Opfer nach der Art ihres Ganges aussuchte. Er sah ihnen beim Gehen zu und wenn er den entsprechenden „Schritt" sah, war ihr Schicksal besiegelt. Ted Bundy vergewaltigte und tötete mindestens dreißig Frauen. all diese Frauen gingen unsicher, machten kleine Schritte und ihr Blick war gesenkt.

Viele Kriminelle beobachten ebenfalls, wie ihre Opfer gehen. Am Gang des Menschen kann man z.B. Sportlichkeit, das ungefähre Alter, Wehrhaftigkeit, Selbstsicherheit, Unsicherheit, Submissivität, Dominanz erkennen. Vor einiger Zeit habe ich einen Kriminellen interviewt, der schon einige Raubüberfälle am Kerbholz hatte. Er erzählte mir, dass er am Gang sogar jemanden erkennen würde, der schon mal überfallen wurde. Viele Kriminelle beobachten und recherchieren ihre Opfer.

Menschen mit Opferhaltung, Schlurfgang, schleppendem oder unsicherem Gang sind leichte Beute für Räuber – und natürlich auch für machtbesessene oder manipulative Menschen, die dieses Verhalten auszunützen wissen. Wenn man sich die Menschen ansieht, die überfallen wurden, ist oft eines erkennbar: Sie wirken wenig selbstbewusst. Sie machen kleine Schritte, wollen nicht auffallen. Und deshalb fallen sie den Straßenräubern besonders gut auf. Denn nicht selbstbewusste oder ängstliche Menschen sind die Zielgruppe.

Die Art und Weise, wie jemand geht, hat natürlich etwas mit der Persönlichkeit eines Menschen zu tun. Abgesehen von orthopädischen Problemen oder Handicaps. Nicht jeder, der mit hängenden Schultern durch die Gegend schlurft, depressiv oder niedergeschlagen wirkt, ist es auch. Er kann sich auch eine schlechte Haltung angewöhnt haben. Dennoch, die Botschaft deutet nie auf Dynamik hin. Denn unsere Art des Gehens verrät z.B. unsere Motivation oder Demotivation, lässt auf Risikobereitschaft, Unsicherheit oder Antriebslosigkeit schließen. Nun vielleicht wirkt die Person ja gerade nur an diesem einen Tag antriebslos. Wenn es der Tag ist, an dem die Person eine Bewerbungsgespräch, eine Verhandlung oder ein anderes wichtiges Gespräch hat, kann sich das fatal auf den Gesprächserfolg auswirken.

Statusalarm

- ➔ Beobachten Sie sich selbst beim Gehen.
- ➔ Der Gang vermittelt Wehrhaftigkeit, oder dass man leichte Beute ist.
- ➔ Jedes Weiterkommen hat mit Gehen zu tun.
- ➔ Wir gehen unseren Weg. Ob wir ihn schwer, leichtfüßig oder dynamisch gehen, kann den Erfolgsweg mitbestimmen.

Von Fersengehern, Schlurfen und Kickern – verschiedene Gangarten

Wenn Sie Menschen aufmerksam beobachten, werden Ihnen viele unterschiedliche Arten von Läufern, Gehern und Herumstehern auffallen, die Sie wunderbar analysieren können. Bereits in meinem ersten Buch „Profiling: Ein Blick genügt und ich weiß, wer du bist“ habe ich über die Arten des Stehens und Gehens geschrieben. Ich stelle sie hier nur kurz vor, denn die Art des Gehens kann aufschlussreiche Hinweise auf das Statusempfinden der Personen geben. Natürlich ist dabei zu bedenken, dass vieles nur Momentaufnahmen sind, aber um den Blick zu schulen eignen sich Straßencafés hervorragend.

Der Fersengeher: Er tritt auf der Ferse zuerst auf. Er betont damit seinen Gang. Gerne möchte er gesehen, wahrgenommen, anerkannt und respektiert werden. Er zählt zu den extrovertierten Voranschreitern. Wenn dieser einen Raum betritt, wird er definitiv wahrgenommen. (Hochstatus)

Der Ballentänzler: Entgegengesetzt zum Fersengeher ist die Wirkung des Ballentänzlers. Dieser möchte eher nicht von anderen wahrgenommen werden. Er möchte am liebsten nicht gesehen, aber auch nicht gehört werden. Er ist eher vorsichtig und anpassungsfähig und stellt sich nicht in den Mittelpunkt. Ballentänzler wirken nicht sehr dynamisch. Denken Sie an Filmszenen, in denen sich der betrunkene Ehemann ins Haus schleicht. Er tritt auf den Ballen auf, um nicht entdeckt zu werden und das Nudelholz auf den Kopf zu bekommen. (Tiefstatus)

Der Rausdreher: Der Rausdreher ist ein offener und interessierter Mensch. Er läuft gewöhnlich aufrecht, seine Arme schwingen leicht und dynamisch, sein Blick ist fokussiert nach vorne gerichtet. (Hochstatus)

Der Reindreher: Der Reindreher blockiert sich oft selbst beim Gehen seines Weges. Wenn er zu stark reindreht, läuft er Gefahr, sich zu stark zu bremsen. Für den Reindreher ist es schwer weiterzukommen. (Tiefstatus)

Der Schlurf: Schlurfe erkennt man am schwerfälligen, schlendernden Gang. Schlurfe heben die Beine nicht beim Gehen. Jeder Schritt wirkt sehr mühselig und angestrengt. Diese Menschen legen sich oft Steine in den Weg. (Tiefstatus)

Der Kicker: Die Vertreter dieser Spezies erwecken den Eindruck, als würden sie etwas vor sich herkicken. Diese Menschen schieben auch real im Alltag oft etwas vor sich her, übernehmen nicht gerne Verantwortung. Sie wirken insgesamt instabil. (Tiefstatus)

Das Opfer: Manche Menschen wirken beim Gehen – und vielleicht auch im Leben – wie in einer absoluten Opferhaltung. Sie wirken so, als würden sie geradezu darauf warten, dass ihnen die Brieftasche gestohlen oder die Handtasche entwendet wird. Bloß nicht aufsehen, der Blick ist stets gesenkt und sie tappen mit hängenden Schultern und kleinen, unauffälligen Schritten durch die Welt. Diese Haltung ist keine Kampfansage und symbolisiert natürlich überhaupt keine Wehrhaftigkeit. Sie drückt aus, dass die Welt als schwer empfunden wird. Ich bin ein Opfer. Schuld sind die anderen. (Tiefstatus)

Der Riesenschreiter: Dieser Typ zeichnet sich durch erhöhtes Tempo und seine Riesenschritte aus. Er rast dahin und oft sieht es aus, als würden die Beine seinem Oberkörper davonlaufen. Er wirkt auch oft hektisch und zerstreut. (Tiefstatus)

Speedy Gonzales: Typische Speedys geben immer Vollgas, Vollgas und Vollgas. Wie für den Riesenschreiter gilt allerdings: Wer zu schnell ist, wird oft nicht richtig wahrgenommen. Er verpufft im wahrsten Sinne des Wortes. (Tiefstatus)

Wie gesagt, kann diese Art des „Schnellprofilings" nur mögliche Tendenzen und eine momentane Verfassung erkennen lassen. Aber es macht Spaß und schult den Blick, die Leute einzuschätzen.

Deshalb probieren Sie es einfach aus: Beobachten Sie Kolleginnen und kategorisieren Sie diese für sich selbst. Oder stellen Sie sich eine Aufgabe. Suchen Sie zum Beispiel gezielt nach Speedys. Analysieren Sie sie, stellen Sie Hypothesen auf über diese Personen. Warum rennen sie gerade an Ihnen vorüber, was ist der Anlass für die Eile? Wie ist es um ihre Herkunft bestellt, um den Beziehungsstatus? Welche Interessen oder Charakterzüge könnte diese Person haben? Wofür steht sie? Welchen Beruf übt sie aus?

Betrachten Sie sich selbst oder bitten Sie gute Freunde oder noch besser Profis auf diesem Gebiet, Sie einzuschätzen. Wenn ich als eine Person mit Hochstatus wahrgenommen werden will, dann ist der Gang ein wichtiger Faktor.

Menschen, die dynamisch und machtvoll wirken wollen, gehen mit großen und sicheren Schritten, wobei die Schrittgröße in der Relation zur Körpergröße passen muss. Sie sind dabei aufrecht, so als wäre ihr Kopf von einem Magnet leicht nach oben gezogen. Ihr Blick hat etwas im Fokus. Die Arme schwingen gleichmäßig mit. Der Fuß setzt auf der Ferse auf und rollt über Ballen und Zehen ab.

Statusalarm

- ➔ Der Fersengeher – ich möchte gesehen werden.
- ➔ Der Ballentänzler – ich möchte nicht bemerkt werden.
- ➔ Der Rausdreher – ich komme bestens voran.
- ➔ Der Reindreher – ich bremse mich selbst.
- ➔ Der Schlurf – ich mache es mir bequem, die Füße zu heben ist anstrengend.

- ➔ Das Opfer – das Leben ist dramatisch und ich kann nichts dafür.
- ➔ Der Riesenschreiter – ich bin schneller, als ich denken kann.
- ➔ Speedy Gonzales – ich verpuffe, kaum da, bin ich gleich wieder weg.

Der Fall „Staniek und die Polizei – Blitzeinschätzung

Beim Nach-Hause-Fahren hielt mich ein Streifenwagen an. Ich war wohl etwas zu schnell unterwegs. Ich stieg aus. Ein Polizist kam auf mich zu und einer stand schon da. Breitbeinig, die Hände in den Hüften, von oben nach unten schauend. Das geht ziemlich leicht. Ich bin 1,60 m groß. Und nach einer Fünf-Sekunden-Schnelleinschätzung von Gang, Stand, Körpersprache, kam mein Satz im Tiefstatus für Inspektor Typ Bodyguard und „Ich bin so dominant“: „Ich weiß, Herr Inspektor, ich war ein böses, böses Mädchen.“ Er lachte laut auf und sagte: „Ja, das waren Sie.“

Es folgte der Schnellcheck von Inspektor 2, der vorhin auf mich zugegangen war und nun ebenfalls vor mir stand: Typ Erbsenzähler, kleine, präzise Schritte, also sehr genau. Details waren ihm wichtig. Mein Satz für ihn: „Herr Inspektor, ich habe einen Fehler gemacht, ich bin.ca. 25 bis 27 km/h schneller als erlaubt gefahren. Also wirklich zu schnell.“ Er nickte wissend.

Nun kam der Satz an beide: „Sie haben recht, ich habe mir eine Verwarnung verdient.“ Beide lachten schallend. Mr. Bodyguard, sagte: „Ja, das haben Sie. Sie sind somit verwarnt. Und nun fahren Sie nach Hause, aber ordnungsgemäß.“ „Danke“, sagte ich lächelnd: „You made my day.“ Ich stieg ins Auto und fuhr nach Hause mit dem Gedanken: Echt nette Jungs, diese Herrn Inspektoren.

Wie man im Hochstatus zur Bühne geht

Im Hochstatus zu gehen, können Sie bestens üben und Sie können sich vor einem wichtigen Auftritt selbst ein bisschen pushen.

Bevor Sie losgehen, machen Sie eine Powerpose. Z.B. beide Arme in die Höhe oder in die Hüfte gestemmt. Sagen Sie sich überzeugend „Ja, ich gehe selbstbewusst und mächtig" und dann gehen Sie los. Das geht im Büro nicht? Dann sagen Sie sich diesen Impuls leise vor und wenn Sie um die Ecke sind, reißen Sie die Arme hoch.

Gehen Sie aufrecht und sicher. Ihr Kopf wird von einem gedachten Magnet leicht hochgezogen. Ihr Blick hat etwas im Fokus – er hat ein Ziel. Rollen Sie beim Gehen von der Ferse über Ballen und Zehen ab. Die Füße drehen leicht nach außen. Lassen Sie Ihre Arme mitschwingen. Egal ob Mann oder Frau, eine qualitativ gute Businesstasche oder ein Laptop unter dem Arm kann die Hochstatuswirkung noch fördern.

Wie überall: Übung macht den Meister. Wer vorher Ballentänzler war, für den ist es für eine Weile komisch, im Hochstatus-Gang zu gehen. Nach einer Weile wird es ganz normal. Und denken Sie an die am Anfang erwähnte Body-Mind-Connection. Gehen Sie im Hochstatus-Schritt, werden Sie ein Hochstatus-Gefühl bekommen.

Eine Rede zu halten – selbst wenn es nur eine Begrüßungsrede ist – ist für viele Menschen mit Furcht und Nervosität verbunden. Zählt es doch zu den größten Ängsten vieler Menschen, vor anderen sprechen zu müssen. Im größeren Kreis oder gar auf einer Bühne stehen zu müssen, ist demnach eine besondere Herausforderung für die meisten.

Die Wirkung Ihres Vortrages oder Ihrer Podiumsdiskussion beginnt nicht erst auf der Bühne. Denn schon vor Ihrem Auftritt werden Sie gemessen. Wie wirken Sie, wenn Sie in der Menge stehen? Hochstatus oder Tiefstatus?

Wie sitzen Sie in der Sesselreihe, wenn Sie auf Ihren Auftritt warten? Wie gehen Sie zur Bühne? Sie hören Ihren Namen und galoppieren los? Ohne das Publikum eines Blickes zu würdigen? Nun! Probieren Sie es so: Stehen Sie auf, drehen Sie sich kurz ins Publikum, nicken Sie mit einem kleinen Lächeln und gehen Sie dann selbstbewusst zur Bühne. Damit haben Sie die erste Verbindung zum Publikum aufgenommen. Sollte der Moderator oder die Moderatorin auf der Bühne auf Sie warten, begrüßen Sie diese Person mit einem perfekten Handschlag. Stehen Sie so, dass Sie vom Publikum aus gesehen auf der linken Seite der Bühne stehen. So werden Sie optisch stärker wahrgenommen. Beim Handschlag ist ihr Handrücken auf der sichtbaren Seite. Auf jedem Foto haben Sie somit die bessere Wirkung. Außer Sie heißen Vladimir Putin und wollen Distanz aufbauen. Dann schauen Sie beim Auf-die-Bühne-Gehen nicht ins Publikum, sondern auf den Boden.

Statusalarm

- ➔ Schauen Sie beim Aufstehen von Ihrem Stuhl ins Plenum und lächeln Sie kurz. Gehen Sie selbstbewusst zur Bühne und werfen Sie auf dem Weg zum Stehpult oder zum Mikro einen weiteren freundlichen Blick ins Publikum.
- ➔ Begrüßen Sie den Moderator.
- ➔ Stellen Sie sich hüftbreit und aufrecht hin.
- ➔ Gerne können Sie auch auf der Bühne gehen! Souverän und gelassen, landen sie bitte wieder im hüftbreiten Stand!
- ➔ Unterstreichen Sie Ihren „Text“ durch Mimik und Gestik.

Der Fall „Politikerin macht die ersten großen Schritte" – vieles ist erlernbar

Ich habe eine Politikerin auf ihre neue Rolle im politischen Amt vorbereitet. Die ersten TV- und Radioauftritte, die ersten Pressekonferenzen und wichtigen Auftritte in der eigenen Partei mussten geplant und konzipiert werden. Ich war in diesem Entwicklungs- und Positionierungsprozess für die „Preparingphase", das heißt die Vorbereitung auf die ersten medienträchtigen Schritte, zuständig. Die Körpersprache meiner neuen Klientin wirkte linkisch, beinahe tollpatschig, und in der Begegnung mit anderen Politikern wirkte sie eher unterwürfig. Das hat sich geändert, denn sie wuchs rasch am politischen Geschehen und hatte für jede Phase das optimale Beraterteam.

Ich analysierte Mimik, Gang, Stand, Körperhaltung, Stimme und Sprachmuster und begann danach mit dem Training. Der erste Trainingstag gehörte dem öffentlichen Auftritt bei Pressekonferenzen und politischen Reden. Eine Image- und Stilberaterin brachte ein paar Kleiderständer mit neuen Kostümen, Hosenanzügen, Taschen und Accessoires und stellte die Garderobe für die nächsten fünf Auftritte zusammen.

Nun war es so weit. Meine Klientin war da und begrüßte mich herzlichst, sehr sympathisch und definitiv sprachlich und körpersprachlich im Tiefstatus. „Ich freue mich, dass wir Sie, liebe Frau Staniek, für diese wichtige Phase meiner ersten Auftritte gewinnen konnten. Ich habe schon so viel Positives über Sie gehört und mich schon sehr auf diesen Tag mit Ihnen gefreut. Ich habe auch Ihr erstes Buch gelesen." Sie wirkte ehrfürchtig und freute sich ehrlich auf unsere Zusammenarbeit. Natürlich freute ich mich auch sehr über ihre Worte, befürchtete aber gleichzeitig, dass dies ihr bevorzugtes Statusverhalten ist. Und damit lag ich richtig.

Wir hatten jetzt die tollen Outfits, Schuhe und Acces-

soires. Doch diese bildeten nur die äußere Hülle. Die äußere Hülle hat einen hohen Wirkungsgrad. Kleider machen Leute – zu einem wesentlichen und beachtlichen Teil. Natürlich fühlt man sich gut und passend gekleidet auch wohl und Kleider unterstützen die Statuswirkung genauso wie das Arbeiten an der Körpersprache. Der optische Auftritt hat eben einen enorm hohen Wirkungsfaktor. Ob wir es wollen oder nicht, wir werden zuerst immer am ersten optischen Eindruck gemessen. Kleider sind ein Statussignal. Kleider werten uns ab oder auf. Auch wenn wir das nicht gerne hören, das ist eine Tatsache.

Doch wie bei jedem Menschen reicht für die Entwicklung der Persönlichkeit, den Ausbau von Talenten und Fähigkeiten, alleine der optische Auftritt nicht aus.

Der erste wichtige Schritt ist die Innenarbeit. Der gelungenen Innenarbeit folgt die Körpersprache automatisch. Sind Sie innen unsicher, sind Sie das außen auch. Sind Sie innen sicher, sind Ihr Auftritt und Ihre Körpersprache genauso sicher. Mir war es immer wichtig, in meinen Einzelcoachings- und Einzelprofilings niemals Polit- oder Businessmarionetten zu züchten. Meine Arbeit sehe ich in der Entwicklung von Talenten und Fähigkeiten der jeweiligen Personen. Wenn ein Mensch weiß, wer er ist, das entwickelt, was er sein möchte, dann passt auch die Körpersprache dazu, denn die unsichtbare Innenwelt steht in direkter Verbindung mit dem äußerlich wahrnehmbaren Verhalten.

Wir trafen einander für das erste Coaching im angemieteten Eventsaal eines Hotels. Es war nur für uns beide eine große Bühne aufgebaut und der Saal wirkte, als würde hier in Kürze eine sehr wichtige Pressekonferenz stattfinden. Da stand sie, in einer blauen Hose, deren Schnitt nicht optimal für ihre Figur war, mit einem blauen Blazer von der Stange. Von so einer Stange, dass man dem Blazer auch ansah, dass er es niemals schaffen würde, den Status „Kleider machen Leute" zu erreichen.

Und wir mussten über ihre Haare reden, denn schöne Haare hatte sie, aber keine Frisur. Es war großartig, mit ihr zu arbeiten, sie war offen, lernbereit, offen für Feedback und auch kritikfähig. Das waren schon mal gute Qualitäten, um als Politikerin den nächsten großen Karriereschritt zu machen.

Als Erstes ließ ich sie barfuß über die Bühne gehen – normal, so wie sie immer geht – und betrachtete dabei ihren Gang und ihre Körperbewegungen. Sie setzte ihre Füße leicht nach innen gedreht auf, drückte beim Gehen das Hinterteil zu weit heraus und schlenkerte mit der linken Hand mehr als mit der rechten Hand. Ihr Kopf war dabei gesenkt und sie blickte zu Boden. Danach ließ ich sie mit ihren Ballerinas gehen, um zu überprüfen, ob sich ihr Schritt veränderte oder gleichblieb.

Er blieb gleich. Ich hatte nun schon einiges gesehen. Wer beim Gehen die Fußspitzen nach innen dreht, bremst sich damit oft ein. Es ist schwieriger und anstrengender voranzukommen. Innerlich wie äußerlich. Da ich sie vorher gefragt hatte, ob sie diagnostizierte orthopädische Probleme habe, und sie verneint hatte, konnte ich davon ausgehen, dass sich ihre Fußstellung korrigieren ließ. Sie bewegte ihre Schultern und Arme nicht gleich, sondern die linke Schulter wirkte steif, schwang weniger mit und war mehr am Körper. Ich vermutete, dass sie ihre Handtasche links trägt.

Und nun begann das Training. Ich zeigte ihr, wie sie ihre Füße so auf den Boden aufsetzen kann, dass es ein ergonomischer Vorteil für sie ist. Ich korrigierte vorerst nur immer wieder das Aufsetzen der Füße und die Auswirkungen der Schritte.

Wenn ich mir Videos von damals und nach dem Training und auch aktuelle Videos anschaue, freue ich mich sehr. Denn beim Training des Gehens passierte es wenig später, dass sich automatisch ihr Kopf hob und die Schultern in die Höhe gingen. Beide Hände schwangen im Gleichklang.

Nach der ersten Pause des Gangtrainings lief sie bereits in eleganten und dennoch bequemen Sieben-Zentimeter-Pumps ihre Runde. Sie strahlte und rief zu mir: „Frau Staniek, Frau Staniek, das fühlt sich richtig gut an! Ich laufe schon wie Hillary!“ Sie lief zwar nicht wie Hillary, das war auch nicht die Aufgabe, aber sie lief selbstbewusst. Und nun hatte sie ihre erste tägliche Übungsaufgabe. Bewusst „ergonomisch“, aufrecht und selbstbewusst gehen. Und das so lange, bis es automatisiert und ein Teil von ihr ist. Und dafür musste sie sich nicht mal Zeit nehmen. Sie geht ja ständig.

Sie hat Ihren Status erfolgreich gehoben – sowohl den äußeren als auch den inneren.

Stehen Sie! Aber wie?

Wussten Sie, dass sogar die Art, wie sie stehen, sehr aufschlussreich sein kann?

Stellen Sie sich vor, Sie stehen im Lift und fahren mit dem Liftboy, ein Gardeoffizier steht an seinem angestammten Platz oder ein Diener im 5-Stern-plus-Hotel ist Ihrer Suite zugeteilt. Wie würde diese Person wohl stehen? Beine und Arme liegen eng am Körper an. Die Person nimmt sich keinen Raum, sie macht sich schmal, reduziert sich.

Auch im Stehen können Sie eine geduckte Haltung einnehmen, entspannt und selbstsicher wirken oder sogar eine Bedrohungshaltung einnehmen. Letzteres sollte man wirklich beherrschen, wenn man es gezielt einsetzen möchte. Dies bringt mich zu meinem nächsten Fall.

Der Fall „Befragung eines vermeintlichen Diebes" – auch drohen muss man können

Ich saß mit einem der privaten Ermittler, seinem Praktikanten und unserer Wissenschaftlerin, die mit einem Biofeedbackgerät ausgestattet war, bei einem Kunden. Unsere Aufgabe war es, eine Befragung durchzuführen. Die Befragung passierte im Einvernehmen mit einem Verdächtigem, der sich dieser Befragung und der Lie Detection freiwillig stellte. Ihm wurde vorgeworfen, seinem Vorgesetzten 95.000 Euro aus dem Tresor entwendet zu haben. Der Kunde hatte die Polizei noch nicht informiert, da er erst Sicherheit gewinnen wollte. Meine Aufgabe als Expertin für Lügenerkennung war es, das Verhalten zu beobachten, um bei der Aufklärung zu helfen.

Der Verdächtige stand in einem Verwandtschaftsverhältnis zu unserem Auftraggeber. Alles lief bestens. Plötzlich stand der Praktikant des Ermittlers, ein BDA – also ein frisch zertifizierter Berufsdetektivassistent –, auf und stellte sich mit weit gespreizten Beinen, die Fußspitzen nach außen gedreht, die Arme überkreuzt, mit geradem Blick, wobei das Kinn angehoben war, neben mir auf und blickte auf den Verdächtigen. Ich war etwas irritiert und wusste nicht, was das sollte. Der Verdächtige war ohnehin voll auf den Ermittler und mich fokussiert und würdigte den Praktikanten keines Blickes.

Er stand da wie ein Polizist, Bodyguard oder Securitymitarbeiter. Aber er stand sinnlos so da, denn keiner hatte ihn darum gebeten, keiner hatte es angeordnet oder vorher mit ihm abgesprochen und niemand brauchte es.

In Kürze fanden wir heraus, dass es der Verdächtige nicht gewesen sein konnte, und beendeten die Befragung. Der BDA kam auf mich zu und sagte: „Jetzt ging es aber schnell, seit ich ihm mit meiner Körperhaltung bedroht habe. „Ähhhh, was?", kam gerade noch über meine Lip-

pen, dann schüttelte sich mein Kopf wie von selbst. „Herr BDA, haben Sie überhaupt irgendetwas von dem kapiert, was hier gelaufen ist? Anscheinend nicht."

Manchmal gibt es Erlebnisse der anderen Art. Gut so! So kann ich es Ihnen hier erzählen. Absurd ist, wenn jemand etwas tut, was er nicht tun muss oder sollte und es nur tut, um sich wichtig zu machen. Wichtigmacherei hebt den Status nicht. Kompetente Handlungen schon.

Statusinszenierung und Statusschauspiele

Wie Sie schon gesehen haben, hat Status auch sehr viel damit zu tun, wie man sich selbst in Szene setzt. Und auf größeren Bühnen der Weltpolitik treffen sehr viele – oft auch nur vermeintliche – Hochstatus-Menschen aufeinander. Inszenierung und Schauspiele regieren dann oft.

Anhand der verschiedensten eindrücklichen Fälle möchte ich Ihnen zeigen, was sich hier im Kontakt mit anderen auf der Statusebene alles abspielt. Ähnliches können Sie selbst bei Interviews, aber auch im engeren Umfeld beobachten.

Der Fall „Diplomatische Geburtstagsfeier auf Malta" – glitzern und glänzen

Ich war zur Geburtstagsfeier eines Botschafters in einem Hotel auf Malta eingeladen. Auf diese Gelegenheit, bei der Menschen aus unterschiedlichsten Nationen aufeinandertreffen würden, freute ich mich. Ein herrlicher Tummelplatz für Profiler: Da gibt es außer der Basiskörpersprache noch kulturell geprägte Körpersprache und Statustransaktionen. Das diplomatische Parkett ist ein bisschen anders als das Business- oder Politparkett. Wer die meisten Abzeichen, Orden und Goldbändchen hat, der wird oft anders begrüßt als jener, der nichts am Sakko hat. Hier geht es um Anerkennung und Status. Ich kannte niemanden außer dem Gastgeber und war ohne Begleitung.

So stand ich mit meinem Glas in der Hand und beobachtete Begrüßungsrituale unterschiedlichster Nationen. Nach der offiziellen Begrüßungsrede des Gastgebers kam er auf mich zu, um mich vorzustellen. Ich trug ein schwarzes Etuikleid und darüber einen roten Blazer. Vollkommen frei von Orden, Pins und Bändchen. Ich plauderte sehr nett mit dem Gastgeber und während ich das tat, merkte ich, dass sich einige Gäste näherten, die vermutlich mit ihm sprechen wollten.

Sie kamen auf uns zu und er stellte mich vor. „Das ist Patricia Staniek, sie ist ein sehr bekannter Profiler und unterstützt uns geschäftlich immer wieder.“ Man begrüßte mich eher nebenbei, denn ich konnte an meiner Jacke keinen „Keks“ – wie man in Österreich sagt – und somit nichts außer großen goldenen Knöpfen vorweisen. Ich war statusmäßig durchgefallen, fürs Erste nicht wichtig genug. Man muss ja Prioritäten setzen.

Einige der honorigen Herren blieben bei uns und begannen eine Unterhaltung mit dem Gastgeber. Nun musste ich es natürlich wissen und mich in dieser Runde positionieren. Ich stieg in das Gespräch ein, warf das eine oder andere Spannende ein und wusste, mich interessant zu machen. Und plötzlich war ich es auch. Wieder einmal wurde mir bestätigt, wie stark subkulturell bedingte Statussignale bewusst und teilweise unbewusst als „Zugehörigkeit“ oder „Wertmesser“ wahrgenommen werden. So, hier hatte ich mir also meinen Status ohne Abzeichen erarbeitet.

Da waren aber noch viele andere Leute und weil ich eine neugierige Experimentiererin bin und mich wieder mal der Humorteufel ritt, ging ich in die Hygieneräumlichkeiten und holte aus meiner Geldbörse meinen Profiler-Pin. Dies ist ein Abzeichen der österreichischen Kriminalvereinigung, und den „We are Family“-Pin einer Stillgruppe, den eine Freundin bei mir vergessen hatte, und befestigte beide links und rechts am Kragen. Das sah nicht wirklich nach diplomatischer Verzierung aus, aber für ein Experiment schon mal nicht übel. Nach dem Beckenbauerschen Prinzip „Schau ma mal, dann seh ma eh“ warf ich mich gespannt wie ein Flitzebogen ins diplomatische Geschehen hinein und siehe da: Ich wurde jetzt als Würdenträgerin wahrgenommen.

Ab nun war es leicht, Kontakt herzustellen. Ich ging auf eine plaudernde Menschengruppe zu, die ich kennenlernen wollte, lächelte in die Runde und signalisierte: „Ich will da rein in eure Runde“, wurde einem blitzschnellen Check unterzogen, verfolgte die Blicke auf meine für sie außergewöhnlichen Pins, bekam die Nachfrage, was denn die Pins bedeuten würden und wo meine Zugehörigkeit und mein Betätigungsfeld sei.

Den Pin der Stillgruppe verkaufte ich als das Ehrenzeichen von besonderen Müttern, die großartige Söhne in die Welt gesetzt haben, deren Wirkungsfelder weit über die nationalen Grenzen hinausgehen, und amüsierte mich köstlich dabei. Und eines war vollkommen ungeschwindelt in diesem Experiment: Ich bin eine besonders stolze Mutter und habe einen großartigen Sohn. Es war ein gelungener Abend, begleitet vom Vollmond und einem fantastischen Ausblick in den Sternenhimmel und aufs offene, mit den Wellen spielende Meer.

Statusalarm

- ➔ Körpersprache, Stimme und Sprache unterstützen Statuswirkung enorm.
- ➔ Kleider machen Leute.
- ➔ Statement-Accessoires pushen das Outfit.
- ➔ Wenn Sie etwas wollen und es ist „vernünftig“ – ziehen Sie es durch!

Begrüßung auf Augenhöhe

Der Handschlag ist oft der erste Körperkontakt, den wir zu einem Menschen haben. Wir schaffen damit einen Eindruck über uns. Beim Handschlag vermitteln wir Botschaften. Wie z.B. Selbstbewusstsein, Unsicherheit, Ängstlichkeit, übersteigertes Selbstbewusstsein, Schüchternheit, Scham, Dominanz, Macht, Unterwerfung, Kontrolle, Nachgiebigkeit, Professionalität oder Gleichstellung. Das Begrüßungsritual ist vielmehr als ein kulturell bedingtes, formelles Begrüßungsritual. Auf dieser Ebene finden viele Statusspiele statt.

Stellen Sie sich der Person, die Sie begrüßen wollen, gegenüber. Achten Sie dabei auf den richtigen Abstand zur anderen Person. Das sind in etwa fünfzig Zentimeter oder eine „gute Armlänge". Ihre Beine sind hüftbreit positioniert, die Beine zeigen an, wohin Sie gehen wollen. Deshalb zeigen die Fußspitzen in Richtung Ihres Gegenübers. Denn Sie wollen in diesem Moment nirgendwo hingehen. Sie wollen diese paar Sekunden respektvoll ein Begrüßungsritual vollziehen. Blicken Sie Ihrem Gegenüber in die Augen, lächeln sie. Ein gerader Kopf beim Begrüßungsritual wirkt machtvoll (Hochstatus), ein schiefgelegter kooperativ, sympathisch und freundlich (Tiefstatus).

Strecken Sie Ihrem Gegenüber Ihren Arm mit gerade aufgestellter Hand entgegen und umfassen Sie dabei die Handfläche. Ihre Handfläche liegt dabei an der Handfläche des Gegenübers auf. Drücken Sie mit Gefühl und sehr bewusst zu. Nicht so stark, dass der andere dabei in die Knie geht. Halten Sie die Hand maximal drei bis vier Sekunden, schütteln Sie dabei mit fließenden Bewegungen auf und ab. Der Handschlag soll souverän wirken und keinesfalls hektisch oder gestresst.

Der Fall „In der Höhle des Löwen" – Statusalarm

Ich treffe einen Vorstand in seinem Büro. Also in der Höhle des Löwen. Es ist sein Revier, er ist der Gastgeber. Sein Assistent bringt mich zu ihm. Korrekterweise steht er auf, kommt vor den Schreibtisch und streckt mir als Erstes seine Hand entgegen.

Er kommt aber nicht mit gerade aufgestellter Hand auf mich zu, sondern sein Arm hebt sich etwas und er kommt mir von oben mit schräger Handhaltung entgegen. Das bedeutet, dass ich, wenn ich seine Hand so annehme, in der schlechteren Position, also im Tiefstatus und nicht auf Augenhöhe wäre. Ich ergreife in dem Moment seine Hand, drehe aber mit leichtem Druck mit meiner Hand elegant in eine gerade Handstellung. Dabei blicke ich ihm mit gerader Kopfhaltung in die Augen, lächle und sage: „Vielen Dank für die Einladung!" Er ist kurz irritiert, lächelt und bedankt sich für mein Kommen.

Was ist passiert. Durch meine Aktion habe ich ihn kurz irritiert, bin ihm aber freundlich entgegengekommen. Meine Korrektur, der gerade Kopf, mein freundlicher und selbstbewusster Blick in seine Augen haben ihm verraten, dass ich gerne mit ihm kooperiere – allerdings auf Augenhöhe.

Statusalarm

- ➔ Am Begrüßungsritual wird Status abgelesen.
- ➔ Beobachten Sie sich selbst, wenn Sie fremde Menschen begrüßen (Hoch- oder Tiefstatus).
- ➔ Halten Sie Blickkontakt.
- ➔ Bleiben Sie für diese kurze Zeit aufmerksam und dem Gegenüber zugewandt.
- ➔ Nehmen Sie sich für jede Begrüßung entsprechend Zeit und grüßen Sie nicht im Vorübergehen.

Wer darf wie nahe ran?

Oft zu beobachten ist, dass Menschen während einer ersten Begegnung geradezu einen Rückzugstanz veranstalten: Sie gehen ein paar Schritte zurück, der andere folgt. Das spielt sich manchmal mehrere Male ab. Was passiert? Jemand fühlt sich zu sehr bedrängt, die Nähe wird zu groß – und der andere merkt es nicht. Das hängt mit der Frage zusammen, wie sehr wir jemanden an uns heranlassen.

Es gibt Menschen, bei denen man sich freut, umarmt und auf die Wangen geküsst zu werden, es gibt Menschen, bei denen man es einfach zulässt und es gibt Menschen, bei denen man es einfach nicht mag. Wenn ich am diplomatischen und politischen Parkett unterwegs bin, vermeide ich „Zu Nahe"-Situationen. Am gesellschaftlichen Businessparkett lasse ich auch Umarmungen zu, da ich viele Businesspartner und Geschäftsfreunde oft schon sehr lange kenne und viele von ihnen auch sehr gerne mag.

Bei Angela Merkel habe ich oft bemerkt, dass sie bei politischen Begrüßungsritualen ihre Hand versteift und sich leicht seitlich stellt oder dreht, damit sie der Umarmung entgeht. Wie zum Beispiel bei Recep Tayyip Erdoğan. Bei Barack Obama oder Emmanuel Macron wandte sie sich dagegen offen zu, um eine Umarmung einzuleiten oder zuzulassen. Ein Begrüßungsritual ist nicht nur einfach ein Begrüßungsritual. Man bekommt viele Informationen oder Eindrücke über die sich begrüßenden Personen, über Macht, Status, Benehmen und die ganze Persönlichkeit.

Begrüßungsrituale à la Trump

Begrüßungsrituale werden von den meisten Menschen gar nicht als Statusrituale wahrgenommen. Anders auf der politischen Bühne, wie ich weiter vorne schon kurz ausgeführt habe. Warum ist diese erste Kennenlernphase so wichtig? Auch wenn wir denken, dass wir einander ja nur „kurz begrüßen“, stecken hinter der Art des Betretens eines Raumes, hinter den ersten Wörtern, dem Handschlag und äußeren Statussymbolen wichtige Informationen über das Gegenüber. Es werden Weichen gestellt und der Status festgelegt.

Der Fall „Bundeskanzler Sebastian Kurz bei Donald Trump“ – Inszenierung pur

Der österreichische Bundeskanzler Sebastian Kurz war auf Staatsbesuch bei Donald Trump. In den Medien wurde vorher schon diskutiert, ob er von Trump „geschüttelt oder gerührt“ werden würde. Man befürchtete oder witzelte auch darüber, wie Donald Trump Bundeskanzler Sebastian Kurz vermutlich „demontieren“ werde. Dabei hat Trump weder Shinzō Abe, Japans Premierminister, noch die deutsche Bundeskanzlerin Angela Merkel „abmontiert“, sondern einfach nur schlechtes Benehmen gezeigt.

Bundeskanzler Sebastian Kurz kann etwas wirklich richtig gut. Er kann mit Körpersprache umgehen. Sebastian Kurz weiß seine Körpersprache gezielt und präzise einzusetzen. Er weiß, wie er sich auf dem internationalen, diplomatischen und politischen Parkett bewegen muss. Das bewies er auch bei seinem Treffen mit Trump erneut. Er wirkt dabei sehr konservativ bzw. älter, als er eigentlich ist.

Kurz saß mit leicht gegrätschten Beinen, seine Arme breit aufgestützt, die auf seinen Oberschenkeln liegenden Handflächen zeigten nach innen. Schultern oben, Kopf aufrecht, gerade, aber leicht nach vorne geneigt. Er drehte seinen Kopf in Richtung Journalisten und ließ seinen Blick durch die Menge wandern. Er lächelte und hob dabei seine Augenbrauen und nickte jemandem zu. Damit baute er Verbindung zum „Publikum“ auf. Trump begann zu sprechen.

In dem Moment wandte Kurz seinen Kopf Trump zu. Das signalisierte Aufmerksamkeit. Kurz ist ein sehr aufmerksamer Zuhörer und grundsätzlich ein sehr aufmerksamer Mensch. Und er wirkte in dieser Sitzposition dynamisch und war wie immer top gekleidet. Der Anzug saß. Sein Stil hat Stil.

Er drehte den Oberkörper Trump zu. Nun gehörte die gesamte Aufmerksamkeit Trump. Er nahm sich damit Raum, wandte sich wieder für einen Moment zu den Journalisten, um die Verbindung zu halten, und drehte sich erneut Trump zu. Er hob beim Gespräch zwischendurch souverän seine Hände und Arme und wagte es sogar, mit seinem Arm in die persönliche Distanzzone von Trump hinein zu gestikulieren.

Trump wirkte neben Kurz eher plump. Er saß vorne an der Sesselkante und hielt seine Hand ähnlich der „Merkel"-Raute zwischen seinen gespreizten Beinen. Er drückte seine Daumen wiederholt aneinander. Dies kann ein Zeichen für Ungeduld, aber auch für einen Dominanzanspruch sein. Er öffnete seine Hände nur wenig und ging sofort wieder in die Rautehaltung zurück. Trump saß frontal zum Publikum

Der Fall „Handschlag mit Donald Trump" – was geht und was ist zu viel?

Trump sprach und gab Kurz dann die Hand. Überraschend normal für Trump, obwohl seine Handfläche dabei nach oben zeigte und Kurz seine Hand wie eine Primadonna in Trumps Hand legen musste. Damit gab der US-Präsident den Handschlag vor. Kurz' Hand lag wie in einer vorgegebenen Form. Trump umgriff sie dabei fest mit dem Daumen und legte seinen Zeigefinger auf Kurz' Puls. Trumps Kopf blieb dabei gerade. Ein gerader Kopf ist immer ein Zeichen für Macht. Dennoch: Alles gut, er rüttelte und ruckelte nicht, zog ihn nicht zu sich heran.

„Thank you, Mr. Präsident", sagte Kurz und hob beide Arme mit offenen Händen. Kurz lächelte und hielt dabei den Kopf leicht schräg, wendete sich Trump zu und vermittelte Freundlichkeit. Er behielt dabei Trump fest im Blick. Kurz wechselte immer wieder zwischen Tief- und Hochstatus. Beim Handschlag war Trumps Status etwas höher, was dem Gesamtbild der Situation allerdings keinen Abbruch tat. Er hatte Kurz im Griff. Doch insgesamt betrachtet zeigte sich Bundeskanzler Sebastian Kurz staatsmännisch, diplomatisch und souverän. Ein Mann, der weiß, wo man dem anderen seinen Hochstatus überlässt. Status ist eben auch ein Spiel.

Völlig anders die Situation beim Treffen Trumps und Japans Premierminister Shinzō Abe: Shinzō Abe forderte Trump auf: „Wir sollten einen Handschlag machen." Auffällig dabei ist wieder, dass Trump Shinzō Abe die Hand mit offener, nach oben zeigender Handfläche reichte. Das, was offen und menschennah wirken sollte, wirkte sehr dominant. Vor allem, weil die Bewegung ausgesprochen ruckartig und geschossen war. Trump wirkt oft sehr unkontrolliert.

Seine Selbst- und Fremdwahrnehmung hat scheinbar Defizite. Trump war der Gastgeber, somit in dieser Rolle status- und ranghöher, und musste die Hand zuerst reichen. Anscheinend möchte er seine Unsicherheiten vertuschen oder korrigieren und zeigt sich oft zu „kontaktfreudig" beim Handschlag.

Trump rückte jetzt näher zu Shinzō Abe und tätschelte seine Hand, während Shinzō Abes linke Hand zu einer Faust geballt auf seinem Schenkel abgelegt war. Trump versuchte dabei so etwas wie ein wohlwollendes Gesicht hinzukriegen und zog Japans Premierminister – unter heftigem Weitertätscheln – zu sich heran. Dabei legte er den Kopf schief und lächelte. Als Trump den Handschlag auflöste, ergriff Shinzō Abe tatsächlich die Flucht. Er drehte sich mit Schwung von Trump in eine andere Richtung, rutschte von ihm weg und vergrößert somit die Distanz, während er sich an den Stuhllehnen abstützte. Seine Augen rollten seitlich aufwärts, sein Mund öffnete sich, er drehte sich fassungslos zu einer Kontaktperson und suchte Blickkontakt.

Trump erscheint mir einfach empathieunfähig, er versagt in direktem Kontakt mit Menschen. Es gelingt ihm öffentlich nie, eine kooperative und angenehme Atmosphäre zu schaffen. Auch bei Sebastian Kurz schaffte er es trotz rüttel- und tätschelfreien Handschlags nicht, für Kurz eine angenehme und entspannte Atmosphäre zu schaffen, und vielleicht wollte er das auch nicht. Nun gut, Bundeskanzler Sebastian Kurz hats gut gemeistert, aber richtig wohlgefühlt hat er sich bestimmt nicht.

Auch bei einer anderen Begegnung benahm Trump sich daneben. Diesmal war Kim Jong-un der Gastgeber. Demnach müsste der Oberbefehlshaber der Volksrepublik Nordkorea Trump zuerst die Hand reichen. So hat er aber mit Trump nicht gewettet. Grundsätzlich gilt bei TV-Auftritten und Pressefotos: Die Person, die vom Zuseher aus auf der linken Seite des TV-Spots oder des Fotos steht oder sitzt, hat den Wahrnehmungsbonus – wird also besser wahrgenommen, wirkt präsenter. So trat als Gastgeber Kim Jong-un von links auf die Mitte der Bühne zu und Trump von rechts. Somit sollte Kim Jong-un im Vorteil sein. Kim Jong-un kam souverän, gelassen und mit anspannungsfreien Beinen auf Trump zu. Die Begegnung sollte in der Mitte der Bühne stattfinden. Als Kim Jong-un auf Donald Trump zuging, streckte Trump ihm bereits seine Hand, fern jedes Protokolls und jeder Businessetikette, entgegen.

Damit untergrub er die Gastgeberschaft von Kim Jong-un und stellte sich über ihn. Ein Signal von Machtanspruch und Dominanz. Während des Handschlages legte Trump seine linke Hand auf den rechten Oberarm von Kim und nahm ihm den Vorteil der stärkeren TV-Spot und Fotorepräsentanz. Den Arm auf eine andere Person zu legen ist immer ein Zeichen von Dominanz- und Machtanspruch.

Die Hand auf den Körper eines anderen zu legen, geht weder am Business- noch am gesellschaftlichen Parkett. Mit einer Ausnahme: Wenn man eine Person am gesellschaftlichen Parkett gut kennt, also befreundet oder gut bekannt ist, ist das in manchem privaten Kontext erlaubt, vor allem dann, wenn es tatsächlich herzlich gemeint ist.

Wenn wir diese Szene weiterverfolgen, kommt eines klar zum Vorschein: Donald Trump hatte den Lead. Er führte durch die Begegnung und lenkte deren Verlauf.

Nun standen beide frontal zum Publikum. Trump drehte sich Kim Jong-un zu, berührte mit seiner rechten Hand die Schulter von Kim Jong-un – beging damit wieder einen Macht- und Dominanzübergriff –, blickte kurz in die Richtung, aus der Kim Jong-un gekommen war, nahm die Hand von Kim Jong-un Schulter, führte sie an ihm vorbei und deutete damit in die Richtung, aus der Kim Jong-un gekommen war. Trump gab damit die Abgangsrichtung vor. Kims Blick folgt seinem Blick und seiner wegweisenden Geste und ließ sich von Trump in die entsprechende Richtung leiten. Kim Jong-un hatte den Lead Trump überlassen. Trump ging als Statussieger aus dieser Begegnung hervor.

Wieder komplett anders lief es für die deutsche Bundeskanzlerin Angela Merkel bei ihrem Staatsbesuch bei Donald Trump. Sie kennen sie schon, die beiden hellgelben Fauteuils, auf denen Donald Trump seine Gäste bei Staatsbesuchen empfängt. Donald Trump sah mit heruntergezogenen Augenbrauen von Angela Merkel weg. Das macht man z.B., wenn man sich ärgert, wenn man sich konzentriert, sich fokussiert oder die Sonne blendet. In diesem Fall schreibe ich das Absenken der Augenbraue der Emotion „Ärger" zu. Irgendetwas scheint ihm nicht in den Kram gepasst zu haben.

Er drehte sich von ihr weg, saß nach vorne geneigt, etwas breitbeiniger da. Seine Arme waren auf den Oberschenkeln abgelegt und seine Hände bildeten die „Merkel-Raute", allerdings machte er das immer zwischen den Knien im Sitzen. Eine Geste, deren Energieverlauf in den Boden, also nach unten, geht.

Angela Merkel saß mit etwas eingezogenem Hals, asymmetrisch, mit übereinander geschlagenen Beinen da. Ihr rechter Arm ruhte auf ihrem Oberschenkel und der linke Arm lag auf der Sessellehne. Die Finger waren ineinander verschränkt. Sie wandte sich mit dem Oberkörper und dem obenliegenden Bein in Richtung Donald Trump. Das heißt, ihre Körperachse neigte sich Donald Trump zu. Nun forderten die Fotografen zum Handschlag auf. Donald Trump reagierte mit einer Abwendung seines Kopfs, sah also demonstrativ weg, drehte seinen Kopf wieder in die Richtung der Journalisten, verschränkte die Hände ineinander und spielte mit seinen Fingern. Dann schüttelte er zweimal hintereinander verneinend den Kopf. Dabei zog er seinen linken Mundwinkel unilateral, also einseitig, hoch und zeigte sich dadurch verächtlich. Eine klare Absage an die deutsche Bundeskanzlerin, die versuchte, es locker zu nehmen. Sie saß – bildlich gesprochen – mit einem Fragezeichen im Gesicht da.

Handschläge – vom Fingerspitzengreifer und dem Sandwich

Der Handschlag zeigt – wie wir nun schon gehört haben – sehr viel über den Menschen. Abseits von eindrucksvollen politischen Varianten à la Trump gibt es ein paar typische Varianten.

Der Fingerspitzengreifer

Bestimmt haben Sie auch schon den *Fingerspitzengreifer* erlebt. Nach fast jedem Bühnenauftritt mache ich damit Bekanntschaft. Wenn ich meine Keynotes oder Fachvorträgen beendet habe, signiere ich Bücher, schreibe in Tagebücher, mache Selfies mit den Teilnehmern, führe Gespräche und absolviere jede Menge Begrüßungsrituale. Wenn Sie die Körpersprache der Menschen schon beobachten, wenn sie auf einen zukommen, können Sie voraussehen, ob der Handschlag möglichst auf Augenhöhe, im Hoch- oder Tiefstatus passieren wird.

Der Fingerspitzengreifer nimmt nicht die ganze Hand, er greift nur in die Fingerspitzen und hält diese kurz fest. Der Fingerspitzengreifer ist übrigens meist eine Fingerspitzengreiferin. Das hat oft damit zu tun, dass Männer die Hand schneller ausstrecken als Frauen. Während die Frau noch Blickkontakt herstellt, übersieht sie die kommende Hand und erwischt nur mehr die Fingerspitzen. Doch das ist nicht immer so, manche greifen einfach nur nach den Fingerspitzen. Das soll unbewusst Distanz wahren. Natürlich wirkt der Fingerspitzengreifer nicht selbstbewusst. Dieser Handschlag wird als Tiefstatus gewertet.

Das Sandwich

Die Sandwichvariante kennen wir schon von Donald Trump. Mit „Sandwich“ ist das Darüberlegen einer Hand auf die andere Hand gemeint. Oben und unten bilden die Hände einen Sandwichdeckel, dazwischen ist die Hand des Begrüßten.

Jemand, der diesen Handschlag wählt, könnte zum Beispiel ein sehr kinästhetischer Mensch sein, das heißt ein Mensch, der taktile Reize wie Berührung braucht und genießt. Oft ist es ja auch herzlich gemeint. Allerdings ist herzlich gemeint nicht immer herzlich wahrgenommen, sondern kommt übergriffig, besitzergreifend oder dominant an. Das werden Sie jedoch am gesamten Verhalten der Person leicht einschätzen können.

Die Sandwich-Methode kann leicht zum ungeliebten Double Whopper werden. Für die USA muss man da eine Ausnahme machen. Dort gilt diese Form der Begrüßung oft als Zeichen von Herzlichkeit oder es dient der großen Wahlkampfshow!

Und noch eine häufig vorkommende Variante des Handschlags gibt es. Die des „nassen Waschlappens“, der mich stets in die Flucht schlägt und dem ich deshalb einen eigenen Fall widme.

Der Fall „Der nasse Waschlappen“

Ich war bei einem abendlichen Galadinner bei einem Kunden eingeladen. Ein mit mir befreundeter bekannter Schauspieler war ebenso hier. Er erblickte mich und wollte auf mich zugehen, um mich zu begrüßen, wurde aber immer wieder von Fans aufgehalten. Er war in Begleitung einer jungen Frau, ich schätze so um die zwanzig. Er selbst ist wesentlich älter. Ich sah ihr an, dass sie sich auf diesem Highlevel-Businessparkett und mit der Prominenz des Begleiters nicht wohlfühlte.

Unsicher sah sie ihren Freund an, hielt sich mit ihrer linken Hand immer wieder an seinem Sakkozipfel fest, die Beine waren unruhig. Sie wurde immer und immer wieder vorgestellt und ich sah der armen Seele an, dass sie am liebsten weglaufen würde. Ich bemerkte noch etwas: Jede Person, der sie die Hand gab, wischte sich kurz danach an der Kleidung die Hand ab.

„Oh mein Gott“, dachte ich, „jetzt hat er sich gleich mit ihr zu mir durchgearbeitet. Und er wird sie mir vorstellen. Und sie wird mir einen Handschlag geben, der sich an-

fühlt als wäre er mit einem kalten, nassen Handtuch durchgeführt." Jawohl, nun war es so weit. Ich konnte ihre Angst förmlich riechen. Als sie näherkam, roch sie nach Angstschweiß. Diesen Angstschweiß-Geruch kenne ich gut von Befragungen, er riecht auch irgendwie – ja, ich weiß, das klingt komisch – kalt. Schweiß eines Wütenden riecht scharf.

So, nun war es so weit: Er kam auf mich zu, umarmte mich, klatschte mir drei perfekte freundschaftliche Bussis auf die Wangen und stellte mir dann seine neue Muse vor. Tja, es kam, wie ich es vorausgesehen hatte – das eiskalte, klatschnasse Nasser-Fetzen-Ritual. Ich bemerkte, wie mir beim Aufklatschen meiner Handfläche in kaltem Schweiß ihrer Handfläche ein angewiderter Schauer über den Rücken lief. Ihre Angst, ihre Unsicherheit, die Schüchternheit und die Scham lagen in diesem Handschlag.

Sie konnte einem wirklich leidtun. Manchmal kommt es plötzlich. Da musst du einfach zur Bioabgabebox laufen. Mit einem „Sorry, ich muss mal zur Toilette" ergriff ich die Flucht, um meine Hände rasch einzuseifen und sie unter fließendes Wasser zu halten.

Beobachten Sie doch mal bewusst beim nächsten Anlass die Begrüßungsrituale von Menschen. Denn es wird Ihnen nicht nur der perfekte Handschlag begegnen, sondern es lauert Ihnen bestimmt auch der nasse Waschlappen auf und noch einige andere Varianten.

Der Schulterklopfer

Auch den Schulterklopfer beobachte ich häufig. Besonders am Business- und Politparkett. Da brauchen Sie nur aufmerksam die Nachrichten ansehen, dann sehen Sie den Schulterklopfer immer wieder beim Zusammentreffen von Politikern auf Staatsparketten. Das Schulterklopfen soll meist Herzlichkeit transportieren und oft tut es das auch.

Dennoch bleibt es eine Dominanzgeste. Schulterklopfen hat, von Männern ausgeführt, oft einen väterlichen Touch und ist deshalb machtvoll. Der Große tätschelt den Kleinen. Das Heben des Armes und die Andeutung einer Berührung ist auf dem Business- und Politparkett akzeptabel, das Ablegen der Hand auf der Schulter oder das Schulterklopfen sind allerdings ein klares Machtanzeichen. Der Schulterklopfer „Gut gemacht" ist ein Symbol für Hochstatus, wenn der andere dabei nicht sichtbar abgewertet wird.

Der Shaker

Beim Shaker kommt einem meistens das Fürchten. Donald Trump setzt es, wie geschildert, regelmäßig ein und schüttelt die Leute so durch, als müsse sich die Milch mit dem Proteinpulver optimal vermischen. Den japanischen Premierminister Shinzō Abe schüttelte er bei der Begegnung im Oval Office sage und schreibe neunzehn Sekunden lang durch. Dieses Begrüßungsritual ist sehr unangenehm. Die meisten Menschen distanzieren sich nach so einer Begrüßung sofort. Das hat für mich nichts mit Status zu tun, sondern steht in den meisten Fällen mit übersteigertem Selbstbewusstsein und schlechtem Benehmen in Zusammenhang.

Das wirkte ziemlich archaisch und ist eine Anmaßung höchsten Grades. Trump ergriff Besitz über Shizo Abe. Und das bei einem Japaner, der grundsätzlich in seinem Basisverhalten sehr zurückhaltend ist.

Körperstatus 2 – Signale des Körpers, die Tiefstatus vermitteln

Parkbänke sind hervorragende Übungsorte für zwischendurch, um sich in Menschenkenntnis zu üben. Aber im Grunde können Sie Ihre Feldforschung überall betreiben, wo immer Sie gerade unter Menschen sind. Man muss kein Körpersprachespezialist oder Profiler sein, um Tiefstatus zu erkennen. Probieren Sie es aus. Beobachten Sie die Körpersprache von Menschen!

Der Körper kommuniziert immer und sendet laufend Botschaften über unser Gegenüber aus. Nicht nur positive wie Power, Motivation, Freude, Begeisterung, sondern auch Nervosität, Traurigkeit oder Langeweile. Versuchen Sie durch Beobachten herauszufinden, was der Körper des Beobachteten gerade spricht. Welche Emotion oder welchen Zustand vermuten Sie? Welche Tiefstatussignale können Sie erkennen?

Woran Sie erkennen können, dass ein Mensch nervös ist oder unter Druck steht, erfahren Sie gleich. Diese Anzeichen sind manchmal sehr deutlich, wie in folgendem Fall, aber auch manchmal sehr kontrolliert und gering.

Sehen Sie auf Seite 144 f eine Gegenüberstellung von äußerer Tief- und Hochstatuswirkung.

Der Fall „Keyaccounter des Jahres" – Unsicherheiten enttarnen

Ich war beauftragt, einen Bewerber genau unter die Lupe zu nehmen. Es war meine Aufgabe, Unsicherheiten zu hinterfragen, Talente herauszufiltern und gemeinsam mit dem Recruitingteam herauszufinden, ob der Bewerber gut für diese Position war oder besser in eine andere passte. Der Bewerber bewarb sich für eine Stelle als Leiter für den Bereich „Keyaccounting". Schon beim Durchlesen seiner Bewerbungsunterlagen fand ich einige Unstimmigkeiten. Er gab an, in den USA reichlich Keyaccount-Erfahrungen gemacht zu haben. Ich glaubte den Bewerbungsunterlagen nicht. Angeblich hatte er auch den Konzernpreis für den „Keyaccounter des Jahres" gewonnen.

Jemand, der derartige Erfahrungen im Keyaccountbereich mit Topkunden hat, sitzt nicht da wie ein Gummibärchen auf Ecstasy. Immer wieder verwendete er Beruhigungsgesten. Das heißt, er knetete seine Finger, wischte die Hände an der Hose ab, fummelte an einem Knopf herum. Dass jemand in einem Bewerbungsgespräch ein bisschen angespannt ist, das ist zu verstehen. Hier geht es schließlich um etwas. Aber so! So viele Beruhigungsgesten habe ich noch nie an einem Stück gesehen. Und plötzlich begann er zu transpirieren. Nein, so einfach kann man es nicht beschreiben – er transpirierte nicht, er schwitzte wie ein Saunagänger.

Sein Hemd lag im Brustbereich klatschnass an. Hm. Wir hatten uns gerade den Fragen nach der letzten Stelle in den USA genähert. Und wie sich in Kürze herausstellte, war er dort nur der Assistent des Keyaccount-Leiters gewesen. Also gelogen.

Nicht nur gelogen, sondern auch Tiefstatus. Beruhigungsgesten sollen den Stress mindern. Diese Berührungen senken die optische Statuswirkung sofort.

Kleidung Tiefstatuswirkung, Körpersprache Tiefstatuswirkung, Er zeigt auch im Sitzen Hochstatuswirkung.

Hochstatuswirkung von beiden Powerpose bei der Mitarbeiterin

Nervöse Berührungen im Gesicht, Tiefstatuswirkung

Aufrechte Haltung, gerader Kopf, Kritikgeste, Hochstatuswirkung

Blick gesenkt und abgewendet. Nervöses Spielen mit den Fingern. Beruhigungsgesten! Tiefstatuswirkung

Giebelhand nach oben, Starke Rednergeste, Hochstatuswirkung

Tiefstatuswirkung mit hohem Sympathiefaktor. Mädchenhaft!

Höhere Statuswirkung als links. Kopf nicht mehr so stark geneigt, Oberkörper gerade und dennoch sympathisch

Es merkelt! Eingezogener Nacken, Arm eng am Körper, Hand bleibt unter der Körpergrösse, sympathische Tiefstatuswirkung

Sie weiss, was sie will! Powerpose! Hochstatuswirkung!

Diese Beruhigungsgesten nennt man Manipulatoren oder Adaptoren. Sie wurden von Professor Paul Ekman, Wallace Friesen und Joe Hager, den Entwicklern des Facial Action Coding Systems, F.A.C.S., definiert. Diese zeigen sich an den Fingern, Händen und jedenfalls im Gesicht oder in Gesichtsnähe.

Dazu gehören zum Beispiel Griffe ins Gesicht, Wischgesten mit den Fingern im Gesicht, Griffe an den Hals oder das Zupfen am Ohrläppchen. Die Manipulatoren drücken Anspannung und Nervosität aus, die Person ist gestresst. Diese Berührungen werden von der jeweiligen Person unbewusst zum Abbau des Stresses verwendet. Aus der Sicht der Nervösen nennt man sie Beruhigungsgesten. Auch wenn Ihr Gegenüber grundsätzlich souverän wirkt, achten Sie auf die Manipulatoren.

Dabei ist die „Baseline“ oder „Bodybasics“ entscheidend. Wie sieht die Person im entspanntesten Moment aus, also dann, wenn sie nicht emotional ist? Das Meeting ist ein guter Ort, um Hochstatus- und Tiefstatusverhalten zu beobachten.

Grundsätzlich unterscheiden wir verschiedene Arten der selbstberuhigenden Gesten. Es gibt Selbstmanipulatoren, Fremdmanipulatoren und Objektmanipulatoren.

Selbstmanipulatoren zeigen den Beruhigungswunsch durch Selbstberührungen. Es kommt zum Beispiel zu Griffen ins Gesicht, zum Reiben oder Wischen mit den Fingern oder der Hand im Gesicht, Zupfen am Ohrläppchen, Spielen mit den Fingern, Halsneigung – Hand streichelt den Hals, Spielen mit den Haaren, Streicheln oder Zwirbeln des Bartes.

Fremdmanipulatoren vermitteln einen Beruhigungswunsch durch Fremdberührungen. Sie zeigen sich u.a. durch das Streicheln der Hand des Partners in einer aufgeregten Situation oder das Streicheln des Kindes auf dem Schoss, während man aufgeregt diskutiert.

Objektmanipulatoren äußern den Wunsch nach Beruhigung durch *Objektberührungen*. Menschen spielen mit dem Stift oder Handy, drehen einen Knopf oder schieben Objekte hin und her.

Der Fall „Beißen und Zupfen" – auffällige Merkmale

Der neue Chef eröffnet das Meeting, er steht vorne, blickt in die Runde und kratzt sich nervös am Kopf. Ein paar der Mitarbeiter sind aufmerksam und warten auf das, was kommen wird. Der Mitarbeiter S. reagiert auf das ständige Tiefstatus-Kopfkratzen des neuen Vorgesetzten ebenfalls mit Tiefstatus, er stützt seinen Kopf mit den Händen auf. Tiefstatus produziert oft eine Kettenreaktion.

Berührungen, die im Gesicht stattfinden, vermitteln Tiefstatus. Wenn jemand mit seinen Haaren spielt, am Ohrläppchen knetet, die Lippe zupft, hat das Tiefstatuswirkung. Ebenso das Spielen mit dem Finger, das Beißen oder Zupfen an den Fingernägeln, das Spielen mit Armbändern, Ringen und Ketten. Aus welchem Grund Sie das tun, vielleicht weil es langweilig ist oder weil Sie etwas angespannt sind, ist nicht relevant. Die Wirkung auf andere ist entscheidend.

In einem anderen Fall war ich bei einer Gerichtsverhandlung. Ich begleitete meinen Klienten, der sehr unsicher war und den ich vorab für dieses Ereignis gecoacht hatte. Seine Angst, vor Gericht die Nerven zu verlieren, basierte auf seinen Vorerfahrungen und war begründet. Er hatte die Tendenz, auf Hochstatus sofort mit Tiefstatus zu reagieren, und das wäre in diesem Fall ganz schlecht gewesen. Wir hatten im Coaching so lange an seiner Souveränität gearbeitet, bis es seine implizite Informationsverarbeitung als normal abgespeichert hatte.

Es kam wie vorausgesehen: Die Gegenseite hatte mit einer leicht einzuschüchternden Person gerechnet und gab verbal Vollgas. Der Anwalt der Gegenpartei genauso wie die Gegenpartei selbst. Aber sie hatten die Rechnung ohne meinen Klienten gemacht. Er war souverän im Hochstatus, antwortete ruhig, wahrheitsgemäß und gelassen. Und gewann auf der ganzen Linie. Er hatte jetzt neue Handlungsmöglichkeiten verfügbar.

Ich blickte während der Verhandlung immer wieder zum Richter, er war schon etwas älter und wirkte in seinen Bewegungen sehr konservativ und gediegen. Er lehnte sich bei der Urteilsverkündung zurück, nahm seine Brille ab und hielt sie souverän in der Hand. Er saß aufrecht, sein Kopf war gerade und er sprach mit tiefer, wohlklingender Stimme. Ein Richter im Hochstatus. Wäre ja schlimm, wenn es anders wäre.

Statusalarm

- ➔ Manipulatoren, also Beruhigungsgesten, haben Tiefstatuswirkung.
- ➔ Denken Sie wieder daran, sich in Souveränität zu üben.
- ➔ Ein gestresster Körper drückt immer Tiefstatus aus.

Gesten – wie Sie über Gesten Status ausdrücken

Beobachten Sie Ihre nächsten Gespräche. Wann zeigt Ihr Gegenüber durch Körpersprache Hoch- oder Tiefstatus? Wo befinden Sie sich? Wie reagieren Sie auf Hoch- oder Tiefstatus? Nicht unerheblich ist es dabei, was Sie mit Ihren Händen machen. Welche Ihrer Gesten hat dem Gegenüber wohl was gesagt? Ein paar Anleitungen, die natürlich wieder im Kontext der Gesamtbetrachtung zu sehen sind, gebe ich Ihnen im Folgenden.

Offene Hände: Selbstbewusste und souveräne Menschen zeigen offen ihre Hände. Offene Hände stehen für einen ehrlichen und rechtschaffenen Kommunikator.

Giebel nach oben: Die Ellbogen sind abgestützt und die aneinandergelegten Finger beider Hände bilden einen Giebel nach oben. Die Geste wirkt selbstbewusst. Hochstatus.

Giebel umgedreht: Die Giebelhand liegt im Schoß zwischen den Beinen. Das kann ein Zeichen für defensives Zuhören sein. An sich ist diese Geste nicht ungewöhnlich. Dennoch: Tiefstatus.

Handflächen: Sichtbare Handflächen können den Status einer Person erheblich vergrößern. Zeigen Sie beim Sprechen Ihre Handflächen. Das zeigt, dass Sie selbstbewusst sind. Man darf Ihre Handflächen sehen. Natürlich können Sie Ihre Handfläche/n auch als Stoppzeichen verwenden, wenn Sie dabei souverän bleiben. Hochstatus.

Handflächen nach unten: Zeigen beim Sprechen die Handflächen der gebeugten oder gestreckten Hand nach unten, ist das ein Zeichen für Autorität. Formen Ihre Hände dabei einen Buckel und Sie beschreiben etwas mit einer oder beiden Händen wirkt das sehr souverän. Beide Gesten zeigen Hochstatus.

Griff an den Hals: Greift sich eine Person an den Hals oder in den Nacken, steht diese Person unter Stress oder Druck. Die Nacken- und Halsgriffe sieht man oft in Bewerbungen oder in Befragungen, wenn man der Lüge oder Wahrheit nahekommt. Eindeutig Tiefstatus.

Arme hinter dem Rücken beim Stehen oder langsamen Gehen: Diese Geste ist mächtig und wirkt überlegen, sofern die Brust dabei rausgestreckt ist, die Schultern hoch sind und die Person den unnahbaren Blick aufsetzt. Wir kennen diese Haltung z.B. aus dem Militärischen oder auch vom autoritären Lehrer, wenn er durch die Klasse geht. In diesem Kontext: Hochstatus.

Die gehobene Hand der Angela Merkel: Angela Merkel ist eine introvertierte Person, die es gelernt hat, sich auf den großen Bühnen und Parketten dieser Welt zu bewegen. Dass sie sich dort nicht immer wohlfühlt, sieht man einer bestimmten Begrüßungsgeste, die sie häufig durchführt. Im Unterschied zu anderen Politkern, wie Vladimir Putin, Hillary Clinton, Donald Trump oder Sebastian Kurz, zieht sie den Nacken und den Kopf ein und macht sich klein. Das wirkt nicht staatstragend, sondern sehr zurückhaltend. Tiefstatus. Frau Merkel wirkt dabei sympathisch. Auch im Tiefstatus kann man Menschen unter Umständen für sich gewinnen.

Der Fall „Podiumsdiskussion" – Selbststärkung

Ich wurde zu einer Podiumsdiskussion eingeladen. In der Einladung wurde auch ein weiterer Podiumsgast erwähnt. Ich kannte das Unternehmen gut, in welchem er in sehr hoher Position beschäftigt war. Vor einiger Zeit hatte ich dort Coachings und Teamperformancetrainings durchgeführt.

Ihn hatte ich nicht persönlich kennengelernt. Doch immer wieder sprachen die Teilnehmer sehr angstbesetzt von ihm. Seine Meetings schienen legendär zu sein. Doch das, was die Teilnehmer untereinander über ihn sprachen, deutete nicht auf Hochstatus, sondern mangelnde Manieren hin.

Deshalb: Nicht alles, was mächtig aussieht, ist mächtig.

Manchmal ist es einfach nur schlechtes Benehmen, wildes Poltern von einem eigentlich selbstwertreduzierten Menschen, das durchaus etwas bewirken kann: nämlich angstbesetzte Mitarbeiter.

Nun war es so weit. Ich war am Weg zur Podiumsdiskussion. Der Termin fürs Verkabeln der Headsets und die Vorbesprechung war dreißig Minuten vor Beginn angesetzt. Mein Mitdiskutant war schon da. Er sah mich und wurde nervös. Das ist bei meinem Beruf nichts Neues. Es passiert immer wieder, dass Menschen in Schreckstarre verfallen oder nervös werden, wenn ich einen Raum betrete. Und normalerweise gehe ich auf Menschen gleich zu und zeige, dass ich ein „ganz normaler" Mensch bin. Nur in diesem Fall nicht. Da kannte ich ja die Vorgeschichte.

Schon das Begrüßungsritual war spannend. Er wirkte etwas unsicher und sagte: „Wahrscheinlich analysieren Sie mich jetzt." „Nein", sagte ich lächelnd, „damit wurde ich von niemandem beauftragt." Er lächelte fast burschenhaft und unsicher. Ich entließ ihn dann aus dem Gespräch und wandte mich der Moderatorin zu. Was ich manchmal auslöse! Spannend! Hätte ich aber bei diesem scheinbaren Kaliber nicht erwartet.

Ich wusste gleich: Eigentlich ist er wie eine Pusteblume – ein bisschen drangepustet und er kippt. Wenn das seine Mitarbeiter wüssten. Schreien und toben kann schon mal von der wahren Persönlichkeit ablenken. Und manchmal kommt es, wie es kommen muss. Wir saßen uns im Warteraum gegenüber. Ihm fiel sein Kugelschreiber aus der Hand und rollte in meine Richtung.

Er lief dem Kuli hinterher, der bei meinen Füßen zu liegen kam. Er ging nach unten in die Hocke, nahm den Kuli an sich und schaute zu mir nach oben. In diesem Moment sah ich ihm sehr streng tief und fest in die Augen und staunte: Er senkte seinen Blick. Huch, devot. Liebe Mitarbeiter – streng anschauen, dann hauts hin! Unter Umständen!

Ein Polizist sagte einmal scherzend zu mir: „Toll, Frau Staniek, wie Sie die Informationen aus dem Verdächtigen herausbekommen haben, und Sie haben ihn gar nicht gehauen. Sie haben das einfach mit Ihrer Stimme gemacht." Ja, natürlich haue ich nicht. Und ja, eine angenehme und tiefe Stimme schafft schnelles Vertrauen.

Das Stimm- und Sprechverhalten von Menschen unterscheidet sich. Die Stimme und der Stimmeinsatz eines Topmanagers klingen oft anders als die des Teamleiters. Eine Sekretärin setzt ihre Stimme anders ein, als es ihre Vorgesetzte macht, wenn sie auf der Bühne steht und Vorträge hält. Japanerinnen sprechen tendenziell höher, da eine hohe Frauenstimme dort ein Zeichen für Attraktivität ist. Frauen sprechen heute im beruflichen Kontext auch anders als noch vor dreißig, vierzig oder fünfzig Jahren. Das hat mit dem Selbstbewusstsein der Frauen zu tun.

Die Rolle der Frau, ihre Aufgaben, Positionen und Ansprüche an ihr Leben, haben sich verändert und natürlich auch der gesellschaftliche und berufliche Status. Allerdings noch nicht immer und überall. Die Frauen selbst dürfen eben nicht aufhören, auf allen Ebenen an ihrem Status zu arbeiten. Ob eine Frau emanzipiert ist und Status hat, ein Kind selbstbewusst klingt, ein Verkäufer seine Stimme zum Autoverkauf nutzt: Nicht alle haben eine gute Stimme. Stimme kann man trainieren. Innenarbeit und Außenarbeit sorgen für eine gute Wirkung!

Die Stimme hat Auskunftswirkung. Auskunftswirkung über die Person, die spricht. Eine zu hohe Stimme wirkt unangenehm. Bei einem Mann dazu noch oft „lächerlich". Menschen amüsieren sich, wenn ein Mann mit zu hoher Stimme spricht und eine Frau mit zu hoher Stimme wird oft als „hysterisch" eingestuft. Eine zu leise oder piepsige Stimme lässt Rückschlüsse auf eine unsichere, schüchterne oder ängstliche Person zu. Wie ich meinen Coachingklienten, die sich bei mir für Vortragstätigkeiten coachen lassen, seit mehr als zwanzig Jahren immer wieder sage: „Es kommt nicht immer darauf an, *was* du sagst, entscheidend ist, *wie* du es sagst. Denn über das Wie transportierst du Emotionen und Impulse."

Als im Jahr 1964 Geborene erinnere ich mich noch sehr gut an unseren Bundeskanzler Bruno Kreisky, der von 1970 bis 1983 in seinem Amt war, und dem ich im Jahr 1973 bei einer Wahlveranstaltung als Stockerauer-Vorzeigekind – weil niedlich, brav und mutig – einen Blumenstrauß überreichen durfte. Der Tag der Wahlentscheidung zugunsten der SPÖ war für mich als Kind ein doppelt spannender Tag. Meine Mutter lag in den Wehen im Krankenhaus und zur selben Zeit als Bruno Kreisky als unser neuer österreichischer Bundeskanzler im Radio bekanntgegeben wurde, läutete das Telefon und mein Papa und ich erfuhren, dass meine Schwester geboren war. Da meine Familie von Bruno Kreisky sehr begeistert war, wunderte es mich, dass man sie nicht zu Ehren des Bundeskanzlers Brunhilde taufte. Sie hatte Glück.

Warum erinnere ich mich beim Thema Stimme an Bruno Kreisky? Weil er oft sehr langsam und somit bedeutsam sprach. Ich höre den Klang seiner Stimme heute noch. Später, als ich mich mit seiner Biografie auseinandersetzte, erfuhr ich, dass er bewusst sehr langsamer sprach, weil er angeblich zeitweise stotterte. Stottern hin oder her: Ich mochte die Art und Weise, wie er sprach, und lauschte bei Nachrichtensendungen seiner für mich wohlklingenden Stimme.

Angenehm klingenden, tieferen weiblichen oder männlichen Stimmen hört man einfach gerne zu. Sie schaffen mehr Vertrauen.

Eine Teilnehmerin in einem meiner Seminare erzählte, dass sie bei einer Veranstaltung von Motivationsrednern war. Der Inhalt einer Keynote eines bekannten Speakers gefiel ihr außerordentlich gut. Allerdings fand sie die Stimme furchtbar. „Er kreischte am Ende des Satzes ziemlich und war dabei stimmlich sehr hoch. Er schmerzt oft in den Ohren!“ Manche Sätze schrie er förmlich. „Schade eigentlich“, meinte sie, „den Inhalt hätte ich mir gerne gemerkt, doch da ich diesem Kreischen nicht mehr zuhören wollte, habe ich mir sein Buch gekauft. Das geschriebene“, meinte sie lachend, „nicht das Hörbuch.“

Anscheinend wollte er damit aufrütteln oder bewegen und wichtige Botschaften transportieren. Doch da ist abzuwägen, ob nicht die eine oder andere Aussage nachhaltiger ist, wenn sie bedeutsam und wohlklingend gesprochen wird.

Wenn Sie Menschen mit Garantie loswerden wollen, dann quietschen Sie beim Sprechen. Lassen Sie Ihre Inhalte als unangenehmes Geräusch raus. Lassen Sie Ihre Stimme „überdrehen und überschlagen“, lachen Sie dazu noch kreischend und der andere fürchtet sich bereits vor Ohrenkrebs. Eine hohe Stimme wirkt eben nicht souverän. Ein quäkend klingender Mann oder eine „hysterisch“ klingende Frau kann bei einem Date durchaus die Romantik killen. Normalerweise senken Menschen beim Flirten die Stimme etwas, um ihr so ein bisschen erotisches „Arrrh „und „Grhhhh“ zu verleihen. Die dunkle Stimme einer Frau kann durchaus sehr erotisch wirken, eine zu hohe Männerstimme klingt nicht nach Erotik.

Wenn eine Stimme gut eingesetzt wird, unterstützt sie ebenso Ihren Expertenstatus. Man glaubt einer vollen, angenehmen, selbstsicheren und souverän klingenden Person mehr als einer quietschenden Kreissäge. Die Stimme soll also angenehm und auf jeden Fall lebendig klingen. Wir haben mit unserer Stimme viele Möglichkeiten, etwas auszudrücken, zu markieren wie mit einem Textmarker, zu verstärken, zu besänftigen, zu motivieren, uns durchzusetzen und Menschen emotional zu erreichen.

Wenn wir eine Stimme nur am Telefon hören, hören wir einen Teil der Persönlichkeit eines Menschen. Auch wenn ich

Aufnahmen von unbekannten Stalkern analysiere, hole ich mir bereits erste Informationen über den Menschen: Alter der Person, welches Geschlecht, Stimme gebildet, Stimme trainiert, Stimme verstellt oder nicht, hoch oder tief. Voll oder brüchig, piepsig, zittrig, souverän oder gestresste Stimme. Und nicht zu vergessen, das Milieu!

Auch Emotionen wie Angst, Freude, Ärger, Trauer, Verachtung, Überraschung und Ekel sind über den Klang der Stimme herausfilterbar. Ein Zustand wie Schmerz oder Verliebtsein hat ebenso seinen eigenen Klang. Unsere Stimme hat – sofern der Kehlkopf mit seinen Muskelsträngen und Stimmlippen gesund ist –ein großes Nutzungsspektrum.

Bruno Kreisky sprach oft sehr langsam und bedächtig. Seine Aussagen hatten Gewicht. Manche Menschen verwenden ein sehr schnelles Sprechtempo, sie feuern Unmengen an Wörtern in der Minute ab. Oft sind es Menschen, deren Informationsverarbeitungs- und Repräsentiersystem stark visuell angelegt ist. Diese sehen Bilder, Comics, sogar ganze Filme in ihren Köpfen und haben somit viel Information präsent. Da die Bilder und Filme schnell entstehen oder laufen, sind die Informationen schnell da und müssen hinaus. Deshalb ist das Spiel mit dem Sprechtempo ein sehr wichtiges. Wer durchgängig zu schnell spricht, verliert an Statuswirkung. Wer bedeutende Passagen langsamer spricht, trägt sie wirkungsvoller und nachhaltiger in die Köpfe und Herzen der Menschen.

Wer seine Stimme nicht unter „wohlklingend" einordnen kann, hat dennoch Möglichkeiten, den Klang zu verbessern. Dafür gibt es Stimmexperten. Mit gezielter Atem- und Sprechtechnik gelingt es, sich besser, angenehmer, beeindruckender, klarer und präziser auszudrücken. Gut klingende, wohlgeformte Laute und Sätze helfen unserem Gegenüber dabei, besser zu verstehen und die Inhalte besser zu behalten. Wir sprechen ja nicht, um nicht gehört zu werden, sondern wir setzen Botschaften, die gehört werden sollen. Die

Stimme beeinflusst in sehr hohem Maß die Konzentrationsfähigkeit unserer Zuhörer, aber auch die Motivation, am Ball zu bleiben.

Die Stimme verleiht bzw. unterstützt und hebt unseren Status. Mir fällt oft auf, dass Männer und Frauen plötzlich höher sprechen, wenn sie bemerken, dass die andere Person einen höheren Status hat.

Attraktivität ist schon ein Wirkungsfaktor und hilft, gehört bzw. gesehen zu werden. Und natürlich ist Kompetenz ebenso ein wichtiger Faktor. Doch Kompetenzwirkung wird auch von der Art des Transportes der jeweiligen Botschaft abhängig. Während es kräftigen, lauten, souveränen, tiefen Männerstimmen leicht gelingt, gehört zu werden, hat manch eine Frau einen Nachteil, sich stimmlich zu positionieren. Wenn die Stimme zu dünn, zu leise, zu schwach klingt, während andere wohlklingendere Stimmen sofort gehört und wahrgenommen werden.

Die Stimme ist oft auch eine Bestätigung dafür, ob jemand das meint, was er sagt, oder nicht. Im Bereich der Lügenerkennung ist die Stimme deshalb ein maßgeblicher Hinweisgeber.

Vielleicht erinnern Sie sich an eine Situation, in der Sie am Telefon bemerkt haben, dass jemand flunkert? Das Bauchgefühl schaltet sich oft ein und man nimmt „irgendwie“ eine andere Schwingung wahr. Es klingt anders als vorher. Genauso wie Ihnen das Erfassen der Baseline bei der Körperspracheanalyse (siehe Seite 146) hilfreich sein kann, hilft Ihnen auch die Erfassung der Stimmbaseline. Wie klingt die Person, wenn sie nicht mogelt, sondern die Wahrheit sagt? Sie merken es an der Un“stimmigkeit“.

Sie hören den Unterschied heraus und können Ihren Gesprächspartner „im wahrsten Sinne des Wortes“ infrage stellen. Erfahrungsgemäß sprechen Gelegenheits- und Notlügner eher leiser als Menschen, die lügenerprobter sind, meistens weil sie sich schämen oder fürchten. Der Lügenerprobtere spricht oft schneller und lauter, weil er sicherer ist. Und der Vollprofi zieht eine gewaltige Stimmshow ab und nutzt sein ganzes Stimmpotenzial.

Nutzen auch Sie das Potenzial und Spektrum Ihrer Stimme, um Status zu zeigen und besser gehört zu werden.

Mit einer sanften oder ruhigen Stimme können Sie beruhigen, mit einer harschen Stimme auch schon mal etwas erreichen. Eine angenehme Stimme und eine klare Ausdrucksweise öffnen Ohren. Mit einer gut modulierten Stimme verschaffen Sie sich einfach Gehör.

Statusalarm

- ➔ Die Stimme beeinflusst die Stimmung.
- ➔ Durch Stimmtraining können Sie Ausdruck und Klang Ihrer Stimme verbessern.
- ➔ Eine leise Stimme wirkt unsicher.
- ➔ Ihre Stimme gibt Ihre Emotionen preis.
- ➔ Ihre Stimme ist ein Statussignal.

Körperstatus 3 – Statussprache der Augen

Die Muskulatur, die wir im Laufe des Tages am häufigsten bewegen, ist die Augenmuskulatur. Unsere Augen sind ein starkes Informations- und Kommunikationsinstrument. Die Blicke verbinden zwei Menschen und diese Menschen wissen genau, was der andere meint.

Der Augenkontakt als Transporter für Status

Augenkontakte transportieren maßgeblich Status. Je mehr Augenkontakt Sie während des Sprechens mit Ihrem Gegenüber halten, umso höher ist Ihr Status. Und ich meine tatsächlich beim Sprechen. Denn wenn Sie jemandem den Tiefstatushammer auf den Kopf hauen wollen, unterbrechen Sie den Blickkontakt des Öfteren und signalisieren Sie damit klar: „Ich bin an etwas anderem interessiert."

Mit unseren Augen transportieren wir Botschaften und Emotionen. Wir blicken sehnsüchtig in den Reiseprospekt, wir schauen ängstlich oder angeekelt, wenn wir einen blutigen Horrorfilm sehen.

Wenn ein Mensch einen Raum betritt, den wir nicht erwarten, reagieren wir mit Überraschung und ziehen beide Augenbrauen hoch. Das sind die Action Units 1 und 2 aus dem mimischen Orientierungssystem FACS von Paul Ekman.

Es ist eine Kontraktion, also ein Hochziehen von Muskeln, der inneren Augenbrauenspitze, dem Musculus Frontalis pars medialis, und dem äußeren Rand der Augenbraue, dem Musculus frontalis pars lateralis.

Es kann aber auch sein, dass wir dieselbe Bewegung bei einer Begrüßung, bei der wir nicht überrascht sind, ausführen. Dann wenden wir ein soziales Signal, die „brow flash response“, an. Wir heben die Hand zum Gruß und gleichzeitig für einen kurzen Moment die Augenbrauen. Wir signalisieren damit Kontaktbereitschaft. Es kann so viel bedeuten wie „Ich freue mich dich zu sehen“. Oder beim Heranwinken mit dem Arm: „Komm her, hier ist noch Platz für dich!“

Ob es sich um Überraschung oder die „brow flash response“ handelt, ist immer im gesamten Kontext zu betrachten und zu interpretieren.

Unsere Augen sprechen eine klare Sprache. Reißen wir die Augen weit auf und oberhalb der Pupille wird Augenweiß sichtbar, zeigen wir unseren Schrecken oder unsere Angst. Verschließen wir die Augen während eines Gespräches, haben wir oft den „Rollladen“ dicht gemacht, sind bei uns und wollen im Moment keine Informationen mehr oder wollen auf etwas nicht hinsehen. Sehen wir nach unten bzw. leicht nach links unten, gefolgt von unserem Kopf, kann es sein, dass wir uns schämen. Ein gesenkter Blick kann darauf hindeuten, dass eine Person gerade auf- oder nachgibt. Ein Blick drückt vieles aus! Ein Blick spricht seine eigene und sehr eindeutige Sprache.

Wie baut man Kontakt zu Menschen auf, die man nicht kennt? Eine Möglichkeit ist der Blick. Stellen Sie sich vor, Sie wären Single, vielleicht sind Sie es sogar. Sie sitzen in der Bar und bemerken eine Person, die Sie interessiert. Nun sehen Sie die Person an. Ihre Blicke treffen sich kurz. Sehen Sie noch mal hin! Hat die Person Interesse, wird Sie Ihren Blick wieder kreuzen oder ihn sogar suchen. Dann halten Sie den Blick kurz fest und gehen sofort zu der Zielperson, um Sie anzusprechen. Tun Sie das nicht, laufen Sie Gefahr, als Feigling dazustehen. Und bitte ... tun Sie das mit Statuswirkung und Klasse. Fallen Sie bloß nicht plump mit der Tür ins Haus. Überzeugen Sie sich außerdem, dass die Person nicht in eindeutiger Begleitung unterwegs ist, sonst könnte es Ihnen passieren, dass Ihnen jemand ein Auge verschließt. Entweder mit der Wucht der Handtasche oder der Wucht der geballten fünf Finger.

Übrigens! Wirken Ihre Kopfbewegungen beim Hin- und Wegschauen zu hektisch, strahlen Sie Tiefstatus aus. Also, bleiben Sie gelassen, auch in Ihren Kopf- und Augenbewegungen!

Geniale Macht- und Statusspieler, wie z.B. Vladimir Putin, setzen ihre Augen und Augenbrauen stets ein und sprechen damit eine sehr deutliche Sprache. Er schafft es alleine über Blicke, wie Starren oder Ignorieren, zu bekommen, was er will.

Als ich ein Kind war und meine Mutter meinte, dass ich die Hausübungen nicht schön genug geschrieben hatte, reichte ihr Blick, um mir zu sagen: „Du schreibst das noch mal!" Ich war auf diesen Blick konditioniert. Der wirkte aber nur bis zu meiner Pubertät.

Die Machtspieler dieser Welt nutzen ihre Augen und Augenbrauen bewusst. Wie kann ich also Macht und Status über meine Augen demonstrieren? Im Verlaufe dieses Kapitels finden Sie einiges darüber.

Eine kurze Reise durch die Welt der Augenblicke

Es gibt überall Gelegenheiten, den Menschen in die Augen zu blicken und das eigene Blickverhalten zu trainieren. Es ist eine gute Gelegenheit zu beobachten, wie andere reagieren.

Den Blick vermeiden: Haben Sie Vladimir Putin schon mal beobachtet, wenn er einen Raum oder eine Bühne betritt? Er vermeidet meist Blickkontakt und schaut dabei zu Boden. Er geht dabei aber sehr selbstsicher. Damit möchte er Distanz aufbauen, sich mit einer Aura der Unnahbarkeit umgeben. Hochstatus – die Aura machts! Wenn die Selbstsicherheit in der sonstigen Haltung allerdings fehlt, kommt es gerade zur gegenteiligen Wirkung.

Der „Du langweilst mich"-Blick: Die Augenbrauen werden beidseitig angehoben. Wir heben die Augenbrauen, wenn wir überrascht oder neugierig sind. Das Hochheben der Augenbrauen in Kombination mit einem nicht ganz geöffneten Auge, so als würde man jemandem einen müden Blick zuwerfen, demonstriert: „Du langweilst mich. Das ist belanglos." Oft ist dabei auch noch der Kopf skeptisch schief gelegt. Die Person spielt also äußerlich „Hochstatus", indem sie die andere Person abwertet.

Häufiges Blinzeln: Die Person ist vermutlich nervös, aufgeregt oder angespannt. Häufiges Blinzeln wirkt nicht sicher. Es kommt oft vor, dass ein Mensch, wenn er schwindelt, häufiger blinzelt. Tiefstatus! Aber Vorsicht! Überprüfen Sie genau, vielleicht hat er nur eine Allergie.

Zusammengekniffene Augen und verzogenes Gesicht: Die Augen sind so stark zusammengezogen, dass sich Stirnfalten bilden können. Das Gesicht wirkt dabei verzogen. Das kann auf Stress oder Unwohlsein hindeuten. Tiefstatus!

Augenlider fest zusammengekniffen: Das kann auf starke unangenehme Gefühle oder Verlust von etwas hindeuten. Tiefstatus!

Die Augen sind geschlossen: Wenn jemand während eines Gespräches die Augen geschlossen hält, kann es sein, dass die Person sich in dem Moment von der Außenwelt abschotten möchte, etwas nicht sehen möchte. Sie ist in diesem Moment äußeren Aspekten verschlossen. Der Blickkontakt wird dadurch lange unterbrochen. Tiefstatus!

Der Mafiosi-Blick: Etwas „stört" mich! Ich schließe kurz die Augen, senke dabei leicht meinen Kopf ab und öffne dann ganz langsam meine Augen mit angespanntem Oberlid und abgesenkter Augenbraue, den Blick auf den Störfaktor gerichtet. Das Ganze sehr souverän und gelassen. Hochstatus! Dominanz und Machtdemonstration!

Lady Diana: Sie war die Prinzessin der Herzen. Ihr Kopf war oft gesenkt und sie blickte mit einem unglaublichen Augenaufschlag nach oben. Tiefstatus! Ihr Vorteil: Hoher Sympathiewert, denn sie vermittelte Schüchternheit und Schutzbedürfnis!

Mit den Augen drohen: Der Kopf bleibt meist gerade. Die Augenbrauen werden abgesenkt. Je mehr abgesenkt, desto deutlicher die Drohung. In diesem Kontext steht das Absenken der Augenbrauen für Ärger oder Unmut. Die Zielperson wird fokussiert und dann angestarrt, also mit dem Blick richtig festgenagelt.

Augenkontakt mit Wölfen trainieren und innere Emotionssysteme

Bei der Wolf-Experience gehen wir mit unseren Klienten direkt ins Gehege. Managerinnen und Manager begegnen den Wölfen Auge in Auge, ohne Zaun. Eine der wichtigsten Informationen zum Umgang mit den Wölfen ist der Augenkontakt. „Schauen Sie die Wölfe ganz normal an, aber bitte starren Sie nicht." Tiere könnten das Anstarren als Aufforderung zum Revierkampf sehen. Und genauso ist es auch beim Menschen. Der Mensch will auch nicht direkt angestarrt werden. Beim Menschen gilt: Es ist Hochstatus, wenn du es aushältst, den Blick zu halten. Wer wegschaut, hat verloren. Wer im Wolfsrudel oder im Menschenrudel als Erster wegsieht, ist „the first loser“. Grundsätzlich gilt: Angestarrt zu werden löst bei Menschen ein unangenehmes Gefühl aus.

Die Naturwissenschaftlerin, Molekularbiologin, Biofeedback/Polygraph-Expertin und Stressforscherin Lisa Maria Glenk und ich leiten die Forschungsgruppe „ISCR Int. Scientific Council for research on emotions, bodylanguage and psychophysiology“.

Derzeit setzen wir uns mit der Erforschung des inneren Emotionssystems im Zusammenhang mit Mimik und Körpersprache von Menschen mit dissozialer Funktionsstörung (Psychopathen, Narzissten, Soziopathen) auseinander.

Bei einem unserer Experimente schaue ich unsere Probanden zuerst nur an. Es reicht, einen Menschen anzuschauen, um Veränderungen auf dem Biofeedbackgerät sichtbar zu machen. Häufig sind physiologische Vorgänge vor den sichtbaren Verhaltensveränderungen manifest. Wie zum Beispiel Flucht, Beschwichtigung, und Verteidigung. Mit der Bereitschaft zur Abwehr der Konfrontation (Anstarren) gehen diverse körperliche Veränderungen einher. Es kommt zu einer Steigerung von Puls, Blutdruck, Gesamtgesichtsdurchblutung, Muskelspannung und Hautleitwert. Die Atmung verläuft schneller und flacher und kann zum Zeitpunkt maximaler Fokussierung auch kurz angehalten werden. Dominierende Angst führt zu einer Abnahme der Fingertemperatur.

Stechende und unnachgiebige Blicke signalisieren Macht. Ayatollah Khomeinis Augenausdruck, also sein bohrender und stechender Blick, war bei seinem Volk gefürchtet. So ein Blick soll Böses auf den anderen übertragen, sagt die Mythologie. Ich gehe davon aus, dass die Wirkung des „Bösen Blicks“ oft auch vom inneren Glauben des Menschen abhängt, der ihm ausgesetzt ist. Glaube ich daran, dass mir Böses widerfahren wird, kann es durchaus sein, dass ich Böses oder Unangenehmes anziehe.

Der Fall „Blickwechsel“ – zwischen töten und in den Bann ziehen

Zwei Studentinnen saßen in der Mensa und scherzten und lachten miteinander. Ich hatte einen Termin auf der Uni und wartete dort, da ich aufgrund überraschend staufreien Vorankommens zu früh da war. By the way: Zu früh anzutanzen ist auch unpünktlich und somit Tiefstatus. Plötzlich kam ein anderes Mädchen mit zerrissener Strumpfhose und wackeligem Tablett an den beiden anderen Studentinnen vorbei. Die zwei verstanden sich über den Blickaustausch. Die Blicke sprachen so etwas wie: „Hast du die gesehen, wie die aussieht und wie die daherkam?“

Blicke können sehr viel ausdrücken. Wie z.B. Verliebtheit, Sehnsucht, Verachtung, Trauer, Abwehr, Angst, Überraschung, Lebhaftigkeit, Langeweile. Blicke können auffordern, in den Bann ziehen und sie können, sprichwörtlich, sogar töten.

Daher sind sie aus dem Statusverhalten nicht wegzudenken, sie sind ein maßgeblicher Teil des Statusspiels. Lady Diana war ein Beispiel für das Tiefstatusverhalten. Die Prinzessin, die schüchtern ihren Blick senkte und damit zur Prinzessin der Herzen wurde. Sehr oft passiert es, wenn ich bei großen Keynotes Liveprofilings mache. Ich gehe dann direkt ins Publikum und analysiere die Menschen. Einige begeben sich sofort in den Tiefstatus. Sie schauen zu Boden, verwenden Beruhigungsgesten, zeigen Unruhe und Unsicherheit, schauen demonstrativ weg oder scheinen etwas sehr Interessantes auf dem Boden entdeckt zu haben. Vermutlich ist das die Angst, analysiert oder auf die Bühne geholt zu werden. Manchmal hat dieses Wegschauen auch kulturell bedingten Charakter. Nur wenige setzen mir Hochstatus entgegen.

Weltweit gilt das Senken des Blickes als Zeichen der Demut und Unterwerfung, wie auch die Autoren Tom Schmitt und Michael Esser im Buch „Statusspiele“ bestätigen. In vielen Ländern wird zum Beispiel vorgegeben, wie Frauen und Männer sich zu verhalten haben. Wann die Frau wegsehen oder die Augen senken muss. Ich selber erinnere mich an ein Ereignis am Flughafen.

Der Fall „Ein Mann starrt eine Frau an“ – kulturelle Unterschiede

Während ich auf dem Flughafen auf meinen Flieger wartete, beobachtete ich, wie ein Mann, Mitte fünfzig, eine um die 18 bis 20 Jahre alte Frau immer wieder direkt und unverblümt anstarrte. Er leckte sich dabei sehr provokant die Lippen und griff sich demonstrativ in den Schritt. Dieser jungen Frau war das unangenehm und sie sah hilfesuchend zu mir. Es waren nur wenige Leute im Warteraum und die paar Männer sahen betreten zu Boden. Und glauben Sie mir, die hatten es ebenso gesehen wie ich. Ich deutete der jungen Frau, dass Sie sich zu mir setzen sollte. Natürlich tat sie das prompt.

Daraufhin bekam ich von ihm eine nicht besonders freundliche Geste retour. Ich war alarmiert. Der Mann hatte definitiv Aggressionspotenzial. Das aufmerksame Personal am Boardingschalter hatte die Szene auch mitbekommen und ich sah sie telefonieren.

Der Mann kam nun direkt auf mich zu. Die sitzende Position war für mich ungünstig, also erhob ich mich sofort, bevor er vor mir zu stehen kam. Mit einem Zahnstocher im Mundwinkel stand er vor mir und schaute mich verächtlich an.

Ich schaute mit festem Blick in seine Augen und sagte: „You have your own chair opposite mine. Quit reaching out for me. What do you want?“

Er antwortete in ziemlich aggressivem Ton: „A woman

is only a woman. A woman has to look down when a man faces her."

„A man whose wife is sitting next to him should not stare at another woman like this. Back off immediately!", antwortete ich.

Da er sich vom Bodenpersonal beobachtet fühlte, ging er weg. Bei seinem Sitzplatz angekommen, trat er seiner Frau, die sich ohnehin nicht aufzublicken traute, mit voller Wucht auf die Füße. In dem Moment bogen zwei Sicherheitsbeamte um die Ecke, die dies noch mitbekommen hatten. Die Beamten nahmen ihn und seine Frau mit. Meine Befürchtung, dass sie es noch heftiger abbekommen würde, wenn sie wieder alleine waren, blieb bestehen.

Das Augensenken ist in vielen Kulturen traditionell tief verwurzelt. In anderen Kulturen kommt es vor, dass eine Frau, welche die Augen nicht senkt, als unanständige Frau gilt. In den Augen dieses Mannes war ich vermutlich keine anständige Frau. Eine Gleichberechtigung zwischen Frau und Mann ist in vielen Kulturen nicht im Programm, es ist einfach nicht denkbar.

Die Kultur meines Landes und auch meine persönliche Kultur ist genauso zu akzeptieren, wie ich die Kultur eines anderen Landes akzeptiere, wenn ich mich dort aufhalte. Und deshalb halte ich mich nur dort auf, wo ich es für mich vereinbaren kann. Übrigens, ich habe sehr viele Freunde, die aus unterschiedlichen Kulturen stammen. Ich mag die Vielfalt!

Der Blick wird auch bei uns gesenkt, doch der Kontext ist ein anderer. Wenn ein Kind etwas ausgefressen hat und von den Eltern dafür kritisiert wird, kann es sein, dass es den Blick senkt. Es schämt sich, es ist ihm unangenehm.

Wir senken aber nicht nur den Blick, sondern wir weichen auch anderen Blicken aus. Sehr spannend finde ich es, wenn ein Polizeiauto an der Ampel hält. Der Gürtel oder

der Ring in Wien sind dreispurig. Da kann man solche Situationen des Öfteren sehen. Und wenn ich rechts oder links stehe und neben mir steht der Autofahrer, kann ich die Reaktionen auf das Polizeiauto super beobachten. Der Polizist schaut zum Fahrer, der Fahrer dreht sich weg und blickt weiter nach vorne auf die Ampel. Das hat keine Folgen. Was so ein Polizeiauto und eine Polizeiuniform alleine schon bewirken können. Schlechtes Gewissen oder einfach Hoheitsängste, was immer es beim Einzelnen ist, es ist immer wieder spannend zu beobachten.

Wenn aber der Polizist auf den Fahrer schaut, der Fahrer blickt den Polizisten an, schaut weg und kurz darauf wieder hin, dann kann es Folgen haben. Denn dann wird der Polizist aufmerksam. Das ist eines der ersten Dinge, die ich meinen Seminarteilnehmern aus dem öffentlichen und privaten Sicherheitsbereich beibringe. Die Wiederholung des Blickes fällt unter „Suspicious Behaviour Identification", ein von mir entwickeltes Signalwahrnehmungsschema und eine Trainingsmethode, die Signale und auffällige Phänomene herausfiltert, die anzeigen können, dass sich jemand verdächtig verhält. Eine Methode, mit der „unauffällig auffällige" Menschen identifiziert werden können.

Das Senken des Blickes, wenn man auf der Straße geht, dazu hängende Schultern und ein eingezogener Kopf wirken nicht selbstbewusst. Bei so einer Haltung spricht man von „Opferhaltung". Menschen, die in der Opferhaltung unterwegs sind, werden öfter angepöbelt, beraubt oder überfallen als die Menschen, die mit einer selbstbewussten Haltung und selbstsicherem Schritt sowie einem klaren, nach vorne gerichteten Blick durch die Gegend gehen. Menschen mit Opferblick schauen oft weg und dann kurz wieder hin, das ist bei Menschen wie bei Tieren sehr gefährlich. Beim Menschen gilt es als „Einladung", übergriffig zu werden und beim Hund oder Wolf wird es zur Annäherungseinladung. Denn diese Blickfolge kann beim Wolf als auch beim Hund den Spiel- oder Jagdtrieb wecken. Wir machen uns bei Menschen und Tier zur leichten Beute.

Dagegen wirkt die Expression aus dem Facial-Action-Coding-System von Paul Ekman, Action Unit 1, das Hochziehen der inneren Augenbrauenspitze, als harmlos und hat dennoch unterschiedliche Aussagen. Grundsätzlich fällt das Hochziehen der Augenbrauenspitze in den Bereich der Emotion Trauer, drückt aber auch Zweifel und Verzweiflung aus. Der Mensch wird ja bei einer Analyse immer gesamt betrachtet und sein Verhalten muss im jeweiligen Kontext interpretiert werden.

Diese Brauenbewegung kann auch etwas betonen und verstärken, wird also auch als Illustrator eingesetzt. Sebastian Kurz setzt in seinen Reden diese Augenbrauenbewegung ein, um eine Aussage zu verstärken bzw. zu untermauern. So, als würde er sagen: „Bitte, glauben Sie mir." Er verwendet diesen Innenaugenbrauenheber, um seinen Inhalten mehr Ausdruck zu verleihen.

Der Fall „Karl-Theodor zu Guttenberg" – der kleine Kampf

Karl Theodor zu Guttenberg war zuerst deutscher Bundesminister für Wirtschaft und Technologie und danach Bundesminister für Verteidigung. Seine Plagiatsaffäre wurde ihm zum Verhängnis. Man warf ihm vor, seine Dissertation gefälscht zu haben. Ich saß vor dem TV-Gerät, als er seine Pressekonferenz gab. Diese Pressekonferenz war eine Präsentation von vielen Tiefstatussignalen. Guttenberg verschloss immer wieder seine Augen, er streckte dabei das Augenlid mit hochgezogener Augenbraue.

Er verschloss im wahrsten Sinne des Wortes das Auge vor dem Plagiatsvorwurf und seiner kreativen Wahrheits-

auslegung. Er wollte nicht hinsehen, unterbrach den Kontakt zur Außenwelt und machte seinen Augenkameradeckel zu.

Wenn jemand schwindelt, so wie Guttenberg, ist z.B. der erhöhte Blinzelschlag und der Augenverschluss ein Hinweis für eine Lüge. Erhöhter Blinzelschlag senkt den Status, ein niedriger erhöht den Status.

Ein entspannter, souveräner Mensch blinzelt im Schnitt ca. 10–20 Mal in der Minute, ein gestresster Mensch kann durchaus ein Blinzelturnier mit bis zu 50 Blinzelschlägen in der Minute gewinnen. Ein Blinzelschlag ist ungefähr 300–400 Millisekunden schnell. Hier geht es um Momentaufnahmen.

Sie wissen schon: die Baseline. Es ist immer wichtig, die Baseline zu erkunden. Wie oft und schnell ist der Blinzelschlag, wenn die Person entspannt ist? Tendenziell blinzeln Frauen schneller und öfter als Männern und ältere Frauen öfter als junge Frauen.

Lassen Sie mich nur einige typische Reaktionen aus der Augenregion erwähnen: den gehetzten Blick, das Verschließen der Augen mit gestrecktem Augenlid, den erhöhten Blinzelschlag, das Hochziehen der Augenbrauen mit den Querfalten auf der Stirn. Das alles sind Anzeichen von Anspannung und Stress. Wann zeigt ein Mensch Anzeichen von Anspannung und Stress, wann verwendet ein Mensch Manipulatoren? Wenn er Angst hat, Angst vor der Situation an sich oder Angst davor, dass eine Lüge auffliegt.

Die Augen sind starke Ausdrucksmittel und können Hoch- und Tiefstatus schnell vermitteln. Stellen Sie sich folgende Situation vor: Eine junge Frau sitzt mit ihrem neuen Freund an der Bar. Plötzlich kommt eine bildhübsche junge Frau herein und lächelt den Freund an. Der Freund, frisch verliebt in seine Angebetete, bekommt das nicht mal mit. Das Statusspiel spielen die beiden Frauen.

Während die scheinbare Rivalin noch den Kopf mit ihren schönen Locken zurückwirft und einen triumphierenden Blick auf die Angebetete wirft, spannt die Angebetete das untere Augenlid an. Sie zieht also die Augenmuskulatur unterhalb des Auges von außen nach innen. Dadurch steht ein angespannter Wulst unter dem Auge. Diese Bewegung, welche man Action Unit 7 nennt, kommt aus dem Emotionsbereich des Ärgerns und vermittelt hier eine Aussage wie: „Fall tot um!“ Die andere lässt sich aber nicht irritieren und läuft mit hocherhobenem Haupt, gehobenem Kopf, langsamem Schließen der Lider, was meist eine Herabsetzung des anderen bedeutet, und einem verächtlichen Grinsen an dem Paar vorbei. Ohne ein Wort verloren zu haben, haben beide Frauen nur die Körpersprache verwendet, um sich zu verständigen. Der kleine Kampf – Hochstatus gegen Hochstatus.

Natürlich werden Blicke in der Kommunikation zum Demütigen, Irritieren, Herabwürdigen und zur Vernichtung eingesetzt. Und die funktionieren meistens, weil es auf solche Blicke Reaktionen gibt. Und diese Reaktionen erfolgen gewöhnlich aus dem Tiefstatus.

Sie erinnern sich an den netten Herren vom Flughafen. Wäre ich unsicher gewesen, hätte mich sein Anstarren in den Tiefstatus gebracht. Ich hatte in der Sekunde drei Reaktionsmöglichkeiten: mit festem Blickkontakt zurückzuschauen, meinen Blick abzuwenden, doch da hätte ich ihm Hochstatus verliehen, oder ihn geflissentlich komplett zu übersehen, ihn also komplett zu ignorieren.

Ich entschied mich für Variante Nr. 1. Ich bin niemand, der einer Diskussion aus dem Weg geht. Ich bin der Typ „Offensiv“, was mich manchmal in spannende Situationen bringt.

Der Fall „Statusveränderung“ – Armdrücken mit den Augen

Ich stand während einer Veranstaltung zum Thema „Sicherheit“ mit zwei Managern von zwei unterschiedlichen Konzernen an einem Stehtisch. Wir unterhielten uns angeregt über ein neues Sicherheitssystem. Einer der beiden meinte, ein intelligenteres System in seinem Betriebsumfeld implementiert zu haben.

Nun begann der Statuskampf, dem ich beeindruckt folgte. Beeindruckt deshalb, weil die Hochstatusübernahme innerhalb von Sekunden erfolgte. Manager 1 hörte Manager 2 gespannt zu, genau wie ich. Plötzlich drehte sich Manager 1 zur Seite und blickte kurz weg. Als er sich zurückdrehte, hatte er einen vollkommen anderen Gesichtsausdruck als vorher. Der Kopf mitsamt Kinn war angehoben und das Kinn war nach vorne geschoben. An sich ein Anzeichen für Arroganz und Ärger. Diese Mimik sieht man oft bei Donald Trump. Der Status hatte sich bereits verändert. Der Hochstatus war bei Manager 1 und Manager 2 war irritiert und somit im Tiefstatus, ob er es wollte oder nicht.

Ein Blick sagt eben oft mehr als tausend Worte. Wer kennt dieses Sprichwort nicht?

Statusalarm

- ➔ Selbstbewusste und machtvolle Menschen schauen andere direkt an.
- ➔ Sie halten dem Blick stand und zeigen somit Hochstatus.
- ➔ Jeder Mensch, auf den ein Blick irritierend wirkt und eine Reaktion hervorruft, ist mit dieser Irritation bereits im Tiefstatus bzw. der andere in diesem Moment im Hochstatus.
- ➔ Blicke können abschätzen, abwerten, verunsichern, ängstigen.

Der Fall „Toms Stiefmutter" – mit den Augen drohen

Ein Freund namens Tom erzählte mir: „Ich hasse meine Stiefmutter. Es gibt keinen echten Grund, das Erbe ist geklärt, sie tut mir nichts. Sie hat meinen Vater zehn Jahre nach dem Tod meiner Mutter kennengelernt, also auch keine Ehe zerstört. Ich kann ihre Nähe nicht ertragen, ich kann sie nicht mal anschauen. Ich hatte so etwas noch nie. Ich mag schon mal jemanden nicht, aber so wie bei dieser Frau habe ich das noch nicht erlebt. Das sitzt ganz tief und ich weiß nicht, woher es kommt. Allerdings stehe ich zwangsläufig mit dieser Person in Kontakt, da ich ja häufig Kontakt mit meinem Vater habe. Manchmal wenn mein Papa zu mir kommt, bringt er sie mit."

„Und was machst du dann?", fragte ich.

„Dann schaue ich sie einfach nicht an. Ich rede nur mit ihr, wenn ich muss. Ich schaue sie einfach nicht an. Damit kann ich ihr zeigen, dass ich sie hasse wie die Pest. Damit strafe ich sie."

„Wofür?", fragte ich nach.

„Das kann ich dir nicht sagen", antwortete er.

Nach unserem sehr langen Gespräch entschied er sich, seine Gefühle und Gedanken beim Vater und der Stiefmutter anzusprechen. Das Ganze ging nun schon acht Jahre so. Es erstaunte Vater und Stiefmutter nicht, als mein guter Freund dies ansprach, es lag ja auf der Hand und keiner hatte bisher den Mut gehabt, es anzusprechen. Dennoch löste dieses Gespräch einiges auf.

Nach einiger Zeit erzählte mir mein Freund: „Ich hasse sie nicht mehr und habe einen Weg gefunden, respektvoller mit ihr umzugehen. Ich sehe ein, dass das Blickvermeiden eine große Respektlosigkeit von mir war."

Statusklassiker und Spielchen

Es gibt eine ganze Reihe von Verhaltensweisen, die regelmäßig vorkommen, und die ich als „Statusklassiker" bezeichne. Viele werden ganz bewusst eingesetzt, manchmal passieren sie aus Unachtsamkeit oder Nichtwissen darüber, dass es einen Knigge gibt. Auch Ignoranz, Selbstüberschätzung oder Grenzüberschreitungen spielen eine große Rolle.

Der Fall „Stanieks Schreibtisch" – Revierverletzung

In meinem Büro fand ein Seminar statt. Ich kannte die Teilnehmerinnen und Teilnehmer schon seit einem längeren Zeitraum. Sie durften alle Räumlichkeiten in unserem Büro nutzen. Sogar in meinem persönlichen Büroraum lud ich sie dazu ein, meinen Meetingtisch zu benutzen.

Mittags verließ ich meinen Büroraum für wenige Minuten. Als ich zurückkam, saß ein Teilnehmer an meinem Schreibtisch, nicht beim zur Verfügung gestellten Meetingtisch, auf dem meine Unterlagen offen lagen und telefonierte mit jemandem. Ja, ich bin jemand, der Revieranspruch erhebt, ja, ich bin jemand, der anderen Grenzen aufzeigt, wenn diese überschritten werden. Und das war eine Grenzüberschreitung.

Darauf angesprochen erwiderte der Teilnehmer: „Aber es ist ja nur ein Schreibtisch!" Definitiv, ja! Mein Schreibtisch. Meine archaischen, revierverteidigenden Grundinstinkte waren voll präsent. Mein Schreibtisch ist meine persönliche Zone, genau wie zu Hause meine Schränke, meine Kommode, meine Handtasche oder mein Auto. Da darf niemand ungefragt hinein. In diesem Fall war es kein Statusspiel, das jemand mit mir spielen wollte. Die Person hat sich nach meiner Ansprache vermutlich für den Rest des Lebens gemerkt, dass mein Revier mein Revier ist.

Wir definieren und kennzeichnen unsere Bereiche. Zum Beispiel mit persönlichen Gegenständen. Im beruflichen Kontext werden genauso Reviere abgesteckt oder abgegrenzt. Natürlich auch durch Körpersprache. Eigene Reviere sind für Menschen wichtig. Sie geben uns Schutz und Sicherheit. Reviereindringlinge mögen wir nicht. Wenn wir am Vierertisch im Restaurant nur zu zweit sitzen, mögen wir es nicht unbedingt, wenn sich Fremde in unser „Revier" setzen und die zwei freien Plätze belegen wollen. Wir definieren zu Hause, im Job, auf Veranstaltungen, am Strand beim Baden unser Revier. Wir kennzeichnen unsere Reviere und verteidigen sie.

Der Fall „Key-Accounter und der Umsatz" – warum „Herumgockeln" nicht erfolgreich ist

Ein Geschäftsführer bat mich, bei einem Gespräch mit seinen Key-Accountleitern und Teamleitern dabei zu sein. Die Umsätze waren bei zwei Teams gesunken und er beauftragte mich, das Verhalten der Mitarbeiter im jeweiligen Key-Accountbereich zu analysieren und gegebenenfalls zu korrigieren.

Zwei Wochen später gab es ein Vertriebsmeeting für die gesamte Mannschaft, bei dem ich dabei war, um einen Eindruck von den Teams zu gewinnen und ihnen als Coach vorgestellt zu werden. Vor dem Meeting gab es einen kleinen Empfang an den Stehtischen im Foyer. Eine gute Gelegenheit für mich, die ersten Eindrücke von den Männern zu bekommen. Einer viel mir besonders auf, den ich still für mich als „Gockel" bezeichnete. Gockel „gockelte" vor den anderen. Voll aufgeplustert im Gefieder zeigte er sich in vermeintlicher Pracht, riss schlechte Witzchen und die Häppchen, die er sich, ohne sie zu zerteilen, in den Mund stopfte, fielen aufgrund der Übergröße immer wieder aus diesem heraus. Die fünf Männer, die an seinem Stehtisch standen, schienen ihn anzuhimmeln. Doch nur auf den ersten Blick.

Denn Gockel war eine narzisstische Persönlichkeit mit schlechtem Benehmen. Ich war etwas verwundert, denn viele Narzissten in gehobene Positionen zeigen sich eloquent und haben sehr gutes Benehmen. Dieser fiel als Gesamtkonzept aus der Rolle. Der Anzug war teuer, saß aber schlecht. Die Hose war im Schritt zu eng, was zu einem sichtbaren Abdruck führte und ich wünschte mir, dieses Bild rasch wieder aus meinem Kopf zu bekommen. Seine Hüfte bog er nach vorne, damit der Abdruck bloß nicht unterging. Die Hände steckten in den Hosentaschen, nur die Daumen lugten dominant heraus. Anscheinend nach einem Witzchen – denn die Menschen um ihn lachten verhalten – änderte er seine Körperhaltung, nahm die Hände aus den Hosentaschen und legte sie auf den Stehtisch. Ziemlich breit, ziemlich weit, ziemlich einnehmend.

Ich merkte, wie drei der Teammitglieder Kopf und Oberkörper leicht zurückzogen, einer stand starr lächelnd da und einer verließ den Tisch. Nun ahnte ich schon, dass Gockel der Key-Accountleiter der Teams war, die Verluste eingefahren hatten. Die anderen Teams mit ihren Teamleitern wirkten entspannt und vollkommen normal.

Nun bat uns der CEO in den Meetingraum. Allen voran spazierte Mr. Gockel mit Riesenschritten in den Meetingraum, setzte sich an die Kopfseite des Tisches, wo der CEO schon seine Unterlagen abgelegt hatte, schob diese zur Seite, lehnte sich zurück, verschränkte die Hände im Nacken und blickte wohlgefällig in die Runde.

Ich fand es nun echt spannend und amüsant und wartete ab, was der CEO nun tun würde. Ich setzte mich neben Gockel, denn da lagen schon meine Unterlagen neben denen des Vorstandes. Ich konnte den Unmut des Vorstands von seinem Gesicht ablesen und das Entsetzen manches Mitarbeiters ebenso.

Der CEO schritt auf Gockel zu und sagte: „Setzen Sie sich dort hinüber!" Gockel stand gelassen auf, räumte den Sessel und ging aufgeplustert zu dem ihm zugewiesenen Platz, schien aber in einem enormen Ausmaß an Empathielosigkeit nicht zu begreifen, was hier tatsächlich los war.

Und nun raten Sie mal, wer nach der Begrüßung die erste Wortmeldung machte? Gockel natürlich! Seine Sätze begannen durchgehend mit „ich", „mir", „mich", „mein". Der Unmut des Vorstandes war jetzt im Vergleich zu vorher wesentlich ausgeprägter und er wischte mit einer Handbewegung und der Aussage „Nein – das machen wir nicht", die Projektidee, die eigentlich ganz gut war, weg. Den beleidigten Versuch von Gockel, noch mal anzusetzen, erstickte der CEO im Keim.

Nachdem ich ein Gespräch mit Gockels Team gehabt und eine Racket-Analyse (Störfeldanalyse) im Kundenfeld dieser Gruppe gemacht hatte, stellte sich heraus, was mir ohnehin schon klar war. Gockel war die falsche Person, zur falschen Zeit, am falschen Ort.

Mit Angst, Druck und Herumgockeln zu führen, wirft die Mitarbeiter aus der Bahn. In diesem Fall waren sie unsicher und verhielten sich aufgrund eines fixen Bedrohungsmodus von Gockel angepasst. Die Motivation sank, Angst und Unsicherheit stiegen und der Verkaufserfolg sank bedenklich. Nach einer Überprüfung von Gockels Bewerbungsunterlagen – er war ja erst seit einem Jahr im Unternehmen – fanden wir heraus, dass er aus den drei Unternehmen, in denen er vorher beschäftigt gewesen war, aus ähnlichen Gründen gekündigt worden ist und nicht von selbst gekündigt hatte.

Einige Zeit später wurde ich mit der Recruitingbegleitung für die Neubesetzung der Position von Gockel beauftragt. Von acht Bewerbern in der Endauswahl überzeugte ein vertriebserfahrener Brite den Vorstand am meisten. Nachdem er sich noch meinen Sanctus abgeholt hatte, stellte er ihn ein und schrieb mir ein paar Monate später, wie froh er darüber war, Gockel los zu sein und den Briten eingestellt zu haben.

Hier war es das Gesamtpaket „Gockel", das immer wieder höchst unangenehm aufgefallen war.

Denken Sie nun an ein Verkaufsgespräch, das Sie mit einem neuen Kunden führen wollen, und stellen Sie sich vor, Sie setzen sich, ohne es zu wissen, auf seinen Platz. Das kann dazu führen, dass Sie den Auftrag alleine aus diesem Grund nicht bekommen. Revierübernahmen in dieser Form rächen sich oft.

Natürlich kann ich durch Revieranspruch auch ein Statusspiel spielen. Dafür muss ich es aber können und es muss gelingen. Wenn sich der andere unterordnet, habe ich das Statusspiel gewonnen. Allerdings sollte man Statusspiele elegant, souverän und clever spielen.

Das *„Du machst, was ich will"-Spiel* funktioniert bestens, auch wenn ich jemanden rufe. Ich warte, bis die Person zu mir kommt, ohne mich auf die Person zuzubewegen. Kommt die Person zu mir, habe ich das Statusspiel gewonnen.

„Frau Staniek, Frau Staniek! Ich muss Sie was fragen!", rief mir einer meiner Studenten am Gang nach und blieb stehen. „Kommen Sie in zehn Minuten in mein Büro“, war meine Antwort. Fall erledigt. Status behalten. So einfach kanns gehen!

Der Fall „Petticoat“ – Statusverminderung durch Abwertung

Ich traf durch Zufall eine sehr liebe Freundin, als ich mit meinem Mann ein Lokal verlassen wollte. Sie sah uns aus dem Kaminzimmer kommen und lief auf uns zu. Wir begrüßten uns erfreut und ich machte ihr ein Kompliment zu ihrem Kleid. Ihre tolle Figur kam in diesem blauen Petticoat wunderbar zur Geltung. Es stand ihr großartig.

Das sagte ich ihr. Sie machte eine abwertende Handbewegung und meinte: „Hat nur 32 Euro gekostet und habe ich online bestellt.“ Tiefstatus innerhalb einer Sekunde! Ich hatte weder nach Preis noch nach Marke gefragt. Es war einfach nur ein ehrlich gemeintes Kompliment an eine bildhübsche Mittfünfzigerin, die ein Kleid trug, das an ihr aussah wie ein Tausend-Euro-Designerkleid.

Das war eine private Situation. Denken Sie sich mit mir in den beruflichen Kontext hinein. Im Beruf müssen Sie nicht nur Leistung bringen, sondern Sie müssen Leistung verkaufen. Menschen lassen sich nicht überzeugen, wenn Sie sich selbst oder auch andere abwerten. Der Widerspruch zwischen Gesagtem und sichtbar Wahrgenommenem wird von Menschen oft intuitiv gespürt.

Eine einzige abwertende Aussage, aber auch eine Handbewegung können einen Menschen in den inneren Tiefstatus führen. Lassen Sie sich von der Abwertung anderer nicht beeindrucken. Bleiben Sie sachlich, souverän und gelassen und fragen Sie mit einer offenen Frage nach dem Motiv der Abwertung bzw. was sein müsste, damit ein Produkt oder Projekt beim „Abwerter“ gut ankommt. Damit gewinnen Sie an Status und erhalten relevante Informationen. Wenn hinter dem Abwerten wie oft „nichts dahinter“ ist außer einem Macht- und Statusspiel, zeigt sich das an diesem Punkt sofort.

Wir geraten, wie der obige Fall deutlich zeigt, nicht nur in Tiefstatus, wenn uns eine Abwertung eines anderen wie ein Pfeil getroffen hat, wir geraten da auch hin, wenn wir uns selbst abwerten. Sätze und Handbewegungen, wie „Ich bin hier *nur* …“, bringen einen mit Eilzuggeschwindigkeit in den Tiefstatus.

Werten Sie sich selbst niemals ab. Und wenn Sie ein guter Statusspieler sind und glauben, Sie müssen es tun, dann werten Sie durch eine Handbewegung ab. An der Reaktion werden Sie merken, ob der andere durch Ihren Statuspfeil getroffen wurde und in den Tiefstatus geht oder ob er so reagiert, dass Ihr Status infrage gestellt wird.

Der Fall „Skepsis als Statusspiel“ – bewusste Irritation

Die junge, talentierte Marketingleiterin kommt motiviert in das Büro des Vorgesetzten, um ihm die neue Strategie vorzustellen. Sie fühlt sich gut und ist von ihren Ideen überzeugt. Während sie ihm die Ideen vorstellt und vor Begeisterung nur so sprüht, nimmt sie Skepsis bei ihrem Gegenüber wahr. Sie spürt sie und ist irritiert. Ihr Vorgesetzter bemerkt die Irritation und grinst ein wenig in sich hinein. „Okay, sie ist irritiert“, denkt er und genießt das kleine Statusspiel … aber sie lässt sich nicht vom Weg abbringen und bleibt souverän. Eine gute Wahl, die neue Marketingleiterin, denkt er selbstgefällig und klopft sich gedanklich auf die Schulter.

In einer anderen Situation, in der eine Führungskraft eine Präsentation des neuen Mitarbeiters absichtlich skeptisch betrachtete, geriet dieser nicht in Irritation, sondern in Panik, brach die Präsentation ab und lief aus dem Raum. Dieser landete dann bei mir mitsamt Führungskraft im Coaching!

Statusspiele dieser Art sind nicht immer angebracht, besonders nicht, wenn es um die Förderung von Mitarbeitern geht. Talente fördern kann man anders!

Gehen Sie achtsam mit Skepsis um, denn es ist ein „wunderbares" Mittel, um andere zu irritieren. Sie erinnern sich an meine Geschichte von meinem ersten Kundenbesuch, bei dem ich mit dem alten orangefarbenen Opel auf dem Vorstandsparkplatz parkte? Die Skepsis irritierte mich so, dass ich nur Unsinn schwafelte. Da hab ich echt etwas gelernt! Falls Sie also in einer Situation auf Skepsis stoßen, die Sie irritiert, versuchen Sie, das Beste daraus zu machen.

Der Fall „Walter" – Ignoranz als Statuswaffe

Walter war durch einen Kollegen beleidigt worden. Der Kollege verstand es, Menschen regelmäßig zu diffamieren und zu beleidigen. Da der Kollege der Neffe des Chefs war, dachte er, man müsse das so hinnehmen. Ihn zur Rede zu stellen funktionierte nicht, erzählte mir Walter, das tat er mit einer Handbewegung ab und meinte: „Sei nicht so heikel!"

Nun beschloss Walter, den Kollegen zu ignorieren, was diesen vollkommen irritierte. Es konnte ja nicht sein, dass man ihn links liegen ließ. Walter zog das Ignoranz-Spiel konsequent durch. Nach ein paar Tagen kam sein Kollege und versuchte, Kontakt mit ihm aufzunehmen. Walter blieb eine Weile abweisend, versöhnte sich aber nach einiger Zeit mit seinem Kollegen, der solche Statusspiele bei Walter nicht mehr anwendete.

Ignorieren wird oft als Statusspiel eingesetzt. Ich tue so, als ob ich jemanden nicht wahrnehme oder ich ignoriere seine Wünsche. „Ignoriere niemals eine Frau", lautet ein Zitat, das man von Männern immer wieder hört. Da ist etwas dran. Denn Frauen kann Ignoranz bis auf die Palme bringen bzw. auf einen ganzen Palmenhain. In Frauen nagt es und bohrt es. Manche Männer, aber nicht alle, nehmen es lockerer und tun es ab mit einem: „Der Idiot ignoriert mich, der kann mich mal." Wobei Frauen in so einem Falle gerne aufs Kampffeld ziehen und sich so lange „bemühen", wahrgenommen zu werden, bis es geschafft ist oder wenn es nicht funktioniert, dem Ignoranten das Leben zur Hölle machen.

Der Fall „Großtischlerei" – Statusfalle „Sitzgelegenheit"

Manche Erlebnisse prägen sich tief und fest im Kopf ein. So wie dieses. Es war im Januar 2000. Einige leitende Mitarbeiter einer Großtischlerei hatten Probleme mit ihrem Vorgesetzten und der Vorgesetzte mit den Mitarbeitern. Deshalb buchte mich der Vorgesetzte für ein Teamcoaching. Mit ihm als meinem Auftraggeber war vereinbart, dass es sich hier um ein kooperatives Coaching handeln sollte, welches auf Augenhöhe stattfinden sollte. Anscheinend hatten mein Auftraggeber und ich aber eine unterschiedliche Auffassung von Augenhöhe. Denn das Teamcoaching war für

9.00 Uhr angesagt. Drei Minuten nach neun Uhr erschien seine Sekretärin und teilte mit, dass mein Auftraggeber angerufen habe, es sei ihm noch etwas dazwischengekommen, er komme aber bald.

Logischerweise sorgte das unter den Teilnehmern dafür, dass sie ihrem Unmut – mit Aussagen wie: „War eh klar, dass er uns jetzt wieder zeigen muss, dass er der Boss ist. Typisch!" – Luft machten. Ich fing das ein und begann zwischenzeitlich mit den Mitarbeitern ein paar grundlegende Themen zu besprechen. Erst eineinhalb Stunden später flog die Tür mit einem Knall auf und mein Auftraggeber stand da – halb zu erkennen hinter dem wuchtigen Ledersessel, den er vor sich her in den Meetingraum schob. Alle Mitarbeiter saßen auf Holzsesseln, welche hauseigen gezimmert worden waren, und er brachte einen Monstersessel zur Tür hinein, anscheinend, um mit diesem seinen Boss-Status zu demonstrieren.

In meinem Kopf begann es zu rattern und zu knattern, dann kam der Flash und ich ging in die Handlung über. Mit einem „Danke, dass Sie an meinen beleidigten Rücken gedacht haben" nahm ich ihm den Stuhl ab, schob ihn an den Tisch und nahm Platz. Somit war nur noch mein Holzsessel frei, den er jetzt besetzen konnte. Er tat dies auch! Ziemlich irritiert, aber er tat es.

Sie verstehen, was ich getan habe? Ich habe als Seminarleiterin den Monsterstuhl übernommen, um in der Gruppe zu deeskalieren. Natürlich wurde alles nach und nach angesprochen und geklärt. Boss und Mitarbeiter lernten, besser miteinander zu kooperieren und auf Augenhöhe zu kommunizieren.

Sie möchten eine kooperative Atmosphäre auf Augenhöhe schaffen? Dann streben Sie eine Sitzhaltung „um die Ecke" an oder nehmen Sie Barriere und Distanz heraus. Setzen Sie sich leicht schräg hin und bilden Sie keine Wand.

Natürlich können Sie bewusst in bestimmten Situationen eine Barriere und somit Distanz aufbauen. Entscheiden Sie in der jeweiligen Situation, wie Sie besser und leichter zu Ihrem Ziel kommen.

Durch Sessel, Tische, Couchbänke oder Sitzpositionen und deren Veränderungen können Statusunterschiede sichtbar werden. Ein überdimensionaler Stuhl unter zwölf normalen Stühlen spricht Bände. Ebenso wie die Seite an der Tafel, wo jemand Platz nimmt.

Wer Status bzw. Dominanz zeigen möchte, wird sich im Gespräch gegenübersetzen, keinesfalls daneben oder um die Ecke. Hier geht es um den Aufbau von Distanz. Der Schreibtisch oder Meetingtisch wird als Barriere eingesetzt. Das können natürlich noch dominante Gegenstände – wohlplatziert auf dem Schreibtisch – unterstreichen. Nicht nur ein Schreibtisch oder Tisch zwischen Gesprächspartnern baut eine Machtdistanz auf, sondern auch die Mimik, Gestik und Körperhaltung. Ist die Sitzhaltung frontal und der Kopf gerade, das Kinn leicht gehoben oder nach vorne gestreckt, wirkt das schon mächtig. Damit kann man jemanden abschrecken, wenn man das möchte. Zumindest ist dies ein Versuch, Macht oder Überlegenheit zu demonstrieren, welcher in vielen Fällen gelingt.

Wenn Sie also in so einer Situation sind, in der Ihr Gegenüber Ihnen frontal wie eine Wand gegenübersitzt und Sie wollen die Situation, weil schon angespannt, deeskalieren, dann achten Sie darauf, dass Sie keinesfalls ebenso eine frontale Wand bieten. Gehen Sie kurz und „sachte“ in den Tiefstatus, indem Sie Ihren Körper leicht seitlich drehen und Ihren Kopf etwas schieflegen. Das reduziert den Versuch des Gegenübers, Sie als Feindbild zu betrachten, und löst oft eine angespannte Situation. Probieren Sie doch mal Ihre Sitzwirkung aus, wenn Sie in einem harmlosen Gespräch sind. Beobachten Sie die Reaktionen Ihres Gegenübers, wenn Sie zwischen frontal und leicht seitlich weggedreht wechseln und lernen Sie, diese Möglichkeit parat zu haben, wenn Sie sie brauchen.

Der Fall „Werner Faymann versus Heinz Christian Strache" – das Setting kann entscheiden

Ich analysierte im Jahr 2013 das Video einer TV-Diskussion einer großen österreichischen Tageszeitung. Moderiert wurde die Diskussion vom Chefredakteur der Zeitung, der einen weiteren Journalisten an seiner Seite hatte. Die Funktion dieses zweiten Journalisten war nicht klar. Außer, dass er immer wieder auf die Uhr schaute und Wasser trank, hatte er anscheinend keine wesentliche Aufgabe. Die Diskussion fand im Bundeskanzleramt statt. An der Wand hing ein großer Spiegel, in dem man zwei Personen gespiegelt vom anderen Ende des Tisches wahrnehmen konnte. Einer davon war der nunmehrige Ex-Innenminister Herbert Kickl, FPÖ (Amtsauflösung 2019, Ibiza-Affäre) und eine weitere mir nicht bekannte Person.

Vor dem Spiegel stand der sehr lange Tisch, an dessen Stirnseite der damalige Bundeskanzler Werner Faymann saß. Er saß mit dem Oberkörper – von mir aus betrachtet – auf der linken Seite stirnseitig der langen Tafel und streckte seine Beine nach rechts, in die Richtung des Tisches, an der Heinz-Christian Strache (FPÖ) saß. Auf der linken Seite des Tisches, nahe am Ex-Bundeskanzler, „um die Ecke", saß der Chefredakteur und daneben der zweite Journalist.

Wenn Sie nun also Ihr Kopfkino starten, werden Sie erkennen, dass wir hier eine optische Einheit von drei zu eins haben. Die Wirkung dieses Settings war: drei gegen Strache. Diese Wirkung wurde noch von einem Kabelkanal unter-

strichen, der die lange Tafel, die aus drei längs nebeneinander aufgestellten Tischreihen zusammengestellt wurde, vor dem dritten Tisch, an dem Strache saß, optisch abgetrennt war. Hinter Werner Faymann bewegte sich ständig ein Fotograf hin und her und machte Fotos der Livediskussion. Manchmal erweckte der Fotograf auch den Eindruck, dem Kamin entstiegen zu sein, der unter dem großen Spiegel war, vor dem Werner Faymann saß.

Es war ein wirklich irritierendes Setting und ich stellte mir die Frage: Wollten die das oder war das ein stilistischer Unfall? Ich bin mir heute noch nicht klar darüber, ob ich das bewusste Schaffen so eines Settings jemandem aus dieser Runde zutraue.

Das war natürlich kein Setting, welches eine kooperative Kommunikation und Kooperation der beiden Diskutanten förderte. HC Strache ist ja ohnehin jemand, der den Angriff als kommunikatives Mittel einsetzt. Dennoch führt so ein Setting rasch in eine Konfliktsituation, es ist eskalationsfördernd.

HC Strache war natürlich sehr offensiv und suchte die Konfrontation, aber möglicherweise hatte ihn das Setting doch etwas beeindruckt. Er zeigte einige Unsicherheiten, verwendete Manipulatoren (Stressanzeigen durch Selbstberührung oder Selbststreichelung). Sein Oberkörper war nach vorne gelehnt, er zeigte: „Ich bin bereit, mich dir zu stellen, ich bin bereit für die Diskussion und den möglichen Kampf." Allerdings war sein Nacken dabei eingezogen, als wolle er sich von Gegenständen, die geflogen kommen, schützen. Er zeigte einige Zeichen von Unsicherheit. Wenn das Sinn und Zweck war, dann war das seltsam anmutende Setting gut gewählt. Wenn es nur Zufall war oder von der Örtlichkeit her nicht anders machbar, erfüllte es trotzdem einen vielleicht nicht bewussten gewählten Zweck.

In diesem Setting wirkte Altbundeskanzler Faymann wesentlich souveräner als HC Strache. Vielleicht kam ihm dieses Dreierbündnis, welches die Journalisten mit ihm bildeten, zugute!

Sie sehen also, dass auch das Setting eine Auswirkung auf das Verhalten von Menschen haben kann und hat – selbst bei Statusprofis. Mit einem wohlüberlegten Setting in einem Raum, mit der Positionierung von Menschen in bestimmten Konstellationen kann man Status zeigen, kann man Machtspiele spielen und Machtgefälle aufbauen. Man kann Respekt gewinnen oder Tiefstatus hervorbringen, man kann Menschen in die Unsicherheit bringen oder total verwirren und irritieren. Und natürlich kann man auch Fairplay riskieren.

Der Fall „Gerhard im Großraumbüro" – Proxemik als Statusmerkmal

Ein Klient aus einem Konzern bat mich um Hilfe in einem Coaching. Da ich im Coaching keine Ratschläge gebe, führte ich den Klienten mittels Fragetechnik zu seinem Ziel. Sein Anliegen formulierte er so: „Ich gehe in diesem Großraumbüro unter. Kein Kunde, der das Großraumbüro betritt, kann sich orientieren. Niemand sieht auf den ersten Blick, wo der Arbeitsplatz des Chefs, nämlich meiner, ist."

Die Lösung für ihn: ein großer länglicher Pflanzentopf grenzte seinen Bereich optisch ab. Sein Sessel wurde gegen einen wuchtigen Sessel ausgetauscht, ein großer schwarzer Bulle aus Keramik zierte seinen Schreibtisch, an dem ein zweiter Schreibtisch für eine L-Tischkombination angebracht wurde. Eine schöne braune Lederschreibmappe lag auf seinem Tisch, passende Schreibaccessoires, ein edles Ablagesystem. Auf der Fensterscheibe hinter seinem Schreib-

tisch war ein Schriftzug in Silber angebracht. LEITUNG BEREICH HR.

Natürlich reicht ein Büroraum alleine nicht, um den Unterschied zu machen bzw. um den Status zu demonstrieren. Den Status macht das Gesamtpaket aus. Die Führungskraft aber muss als solche auch erkennbar sein. Dazu gehört der Arbeitsplatz.

Wir sprechen hier von Proxemik – vom Verhalten des Menschen im Raum im Kontext von Status und Macht.

Wenn Sie einen Raum betreten, in dem ein geschäftliches Gespräch stattfinden soll, bekommen Sie aufgrund der Anordnung von Möbeln, von Sitzordnungen und der Körperhaltung von Personen einen guten Eindruck darüber, wie so ein Gespräch rein „atmosphärisch" ablaufen kann und mit wem sie es hier zu tun haben.

Wenn wir einen Raum zur Verfügung haben, erobern wir ihn, indem wir ihn für uns kennzeichnen. In einem Büro machen wir das, indem wir auf unserem Schreibtisch unsere persönlichen Gegenstände platzieren und wenn wir auf einen Vortrag gehen, reservieren wir einen Stuhl für uns, indem wir unsere Jacke darüber hängen oder etwas auf dem Stuhl liegen lassen. Wir nehmen uns Raum, wir nehmen Raum in Besitz. Er ist oft nicht unser Besitz, doch wir machen ihn uns zu eigen.

Der Fall „Gib mir meinen Tisch, ich bin ein Superpromi!" – das „Alles gehört mir"-Raumverhalten

Mein Mann und ich waren auf einem Privatevent eines Filmemachers in einem Spitzenrestaurant in Wien eingeladen. Es herrschte freie Platzwahl. First come, first serve. Wir nahmen an einem netten Tisch Platz, an dem schon Geschäftsfreunde von uns saßen und uns zu sich heranwinkten. Plötzlich kam eine Frau an unseren Tisch und wollte, dass mein Mann und ich unsere Sitzplätze aufgaben, denn das wäre der von ihr und ihrem Mann und an unsere Geschäftsfreunde gewandt sagte sie: „Sie stehen auch auf, da kommen meine Gäste hin."

Mein Mann, als Genie und Menschenkenner glaubwürdig im Hochstatus, sagte: „Gnädige Frau, den Tisch können Sie gerne haben, die Beleuchtung ist hier so schlecht, man sieht kaum, mit wem man spricht! Wir haben hier nicht den besten Tisch erwischt." Mit einem „Lassen Sie nur, ich kann ja ausnahmsweise woanders sitzen" rauschte sie ab. Mit erhabenem Lächeln stießen wir auf einen schönen Abend am besten Tisch des Restaurants an. Chapeau!

Hier sitze ich immer, deshalb ist es mein Platz! Würden Sie so etwas bei einer Parkbank machen? „Stehen Sie auf, hauen Sie ab, das ist meine Bank!" Manche Menschen denken tatsächlich, einen Anspruch auf alles zu haben. Besonders dann, wenn sie irgendwie, aus nicht nachvollziehbaren Gründen, in die Society hineingerutscht sind. Das wird oft ein Erlebnis der außergewöhnlichen Art, man erlebt den Anspruch an alles und jeden, der nicht gerechtfertigt ist und einer Illusion gleichkommt.

Wir nehmen uns in bestimmten Situationen oder Räumen unsere Raumrechte. Wir denken, dass wir sie haben. Wir nehmen sie also durch Jacken oder Ähnliches als Reservierungsmarkierung in Anspruch. Wir demonstrieren unseren Raumbesitz etwa in unserem Büro nicht nur durch optische Markierungen, wir demonstrieren das natürlich auch durch unsere Körpersprache. Wir weisen jemandem, der zu uns ins Büro kommt, einen Sitzplatz zu, wir legen die Beine auf den Schreibtisch, wir breiten uns aus oder lehnen uns an unsere Tür oder unseren Schrank. Und wir sind bereit, unser Territorial zu verteidigen.

Ich habe Diskussionen in Unternehmen erlebt, wer das größere Büro bekommt, den Ledersessel oder nur den Stoffsessel. Welche Abteilung einen Raucherraum bekommen muss und wem welcher Raum weggenommen werden muss. Bekommt jemand das größere, hellere oder prestigeträchtigere Büro, ziehen Neid und Eifersucht ins Land. Das Raumrecht, sich Raum zu nehmen, hat archaischen Ursprung. Immer schon ging es um Raum, um die eigene Höhle, um Gebiete und Ländereien. Der Raumbesitz ist tief verwurzelt in uns.

Eigene Räume geben Sicherheit und auch die verteidigen wir ständig. Und natürlich – entsprechender Raum verleiht entsprechenden Status. Gerade kleine Räume werden oft so stark markiert, dass der Mensch hinter dem Schreibtisch fast unauffindbar scheint. Je machtvoller die Person, desto weniger Markierungen. Ja, weniger Markierungen, dafür gezielt eingesetzte, große und mächtige Markierungen. Auch edler Purismus zeugt von Status.

Immer wieder führen Raumansprüche, Raumeinteilungen und -aufteilungen zu Spannungen, Reibungen oder heftigen Konflikten. Deshalb sollten Unternehmer und Führungskräfte die Raumzu- und -aufteilungen ernst nehmen und sich überlegen, was welche Auswirkung haben kann. Und natürlich hat eine Raumaufteilung auch etwas mit Status- und Macht zu tun.

Proxemik oder Raumverhalten wird nun nicht nur über die Größe eines Raumes sichtbar. Das proxemische Gesetz wirkt in jedem Raum, auch in einem Raum „ohne Mauern“. Auf einem Platz, auf einer Wiese, eben dort, wo Menschen zusammenkommen.

Wenn ich Gruppen analysiere, beobachte ich genau die Proxemik und ihre Gesetzmäßigkeit. Wer geht zu jemandem in Distanz, wer sucht wessen Nähe, wer wendet sich zu, wer wendet sich ab? Welche Grüppchen bilden sich? Wer darf dabei sein? Wer ist raus? Die Beobachtung der Proxemik in einer unverfänglichen Situation gibt mir eine sehr gute Erstinformation über eine Gruppe.

Der Fall „Bruce Willis in Wien“ – die Status-Challenge

Eine sehr bekannte Frauenzeitung veranstaltete eine Fête Blanche für Frauen in unmittelbarer Nähe eines der bekanntesten und traditionellsten Hotels in Wien. Vollkommen unerwartet tauchte Bruce Willis auf dem Fest auf. Er hatte vom Hotelfenster aus die feiernden Frauen in Weiß gesehen und kam spontan dazu. Das hatte einen Dominoeffekt zur Folge! Die Gruppierungen veränderten sich schlagartig und in Kürze war großer Aufruhr um ihn. Und dieser Aufruhr war so groß, dass Bruce Willis, weil er etlichen Handykameras ausgesetzt war, die Veranstaltung schnell wieder verließ.

Wenn ein Mensch zu einer Gruppe dazustoßen will, weil er diese Menschen kennenlernen möchte, so gibt es mehrere Möglichkeiten, das zu tun. Eine Möglichkeit ist es zu schauen, welche Gruppe in ihrer Außenwirkung denselben sozialen Status hat wie Sie selbst. Dort kommen Sie am leichtesten rein. Natürlich wachsen wir nur, wenn wir die Challenge suchen.

Bei einer Gruppe, deren sozialer Status sehr hoch ist, kommt es natürlich auf die Charaktere der Menschen an und auf Ihr eigenes Verhalten. Wenn Sie selbstbewusst und mit Hochstatus auf eine Gruppe zu starten, wird Ihnen das eher gelingen, als wenn Sie sich anschleichen wie ein Indianer bei der Jagd.

Wir nehmen in Gruppen bestimmte Konstellationen ein. Diese können sich natürlich verändern, wenn eine neue Person dazukommt. Die neue Person verändert z.B. eine Konstellation in einem kleinen Grüppchen und hat keine Auswirkung auf die anderen. Oder aber sie betritt ein Grüppchen und verändert nicht nur das Grüppchen, sondern ihre Anwesenheit hat Auswirkung auf weitere oder alle Gruppierungen. Neue Karten – neues Spiel!

Statusalarm

- ➔ Jede neue Person hat Einfluss auf das proxemische Verhältnis im Raum.
- ➔ Impulse können einen Dominoeffekt hervorrufen.
- ➔ Gruppierungen verändern sich durch Impulse.
- ➔ Das proxemische Gesetz wirkt immer dort, wo mindestens zwei Menschen zusammenkommen.

Der Fall „Experiment im Lift" – Statusverhalten in Distanzzonen

Stellen Sie sich folgende Situation vor: ich, die sich zeit ihres Lebens mit dem Verhalten des Menschen beschäftigt und ständig damit experimentiert hat, befand mich im Aufzug eines Wolkenkratzers. Das Experiment war bei den entscheidenden Personen angekündigt und der interne Sicherheitsdienst und die Portiere und Rezeptionen waren informiert.

Zwei meiner Auszubildenden waren mit von der Lift-Partie, genau wie mein Mann und zwei Sicherheitsbeamte des Hauses, inkognito. Der Aufzug war halbvoll. Die Aufgabe von meinem Mann und mir war, die Menschen zu irritieren, zu überprüfen, was sie machen, wenn sie irritiert sind oder sie etwas ängstigt.

Wir hatten einen klaren Auftrag für unser Experiment und die entsprechenden Fragen dafür formuliert und starteten. Mein Mann und ich wechselten uns mit den „Aktionen“ ab. Die Auszubildenden beobachteten, um dann das Ergebnis jeder Liftfahrt zu dokumentieren. Ich war dran und wartete, bis alle den Lift betreten hatten, stellte mich mit dem Rücken zur geschlossenen Aufzugstür und starrte in die Menschengruppe. Meine Beine waren breit, eine Hand an meiner Hüfte – also Powerpose, die zweite Hand hing nach unten, bildete aber eine leichte Faust.

Ich bemerkte, wie die Menschen unsicher wurden. Ein paar starrten zwischen den leuchtenden Etagennummern und mir hin und her. Ein Mann und zwei Frauen machten einen Schritt zurück und irgendwie wurde die Atmosphäre komplett anders. Im zehnten Stock war der erste Halt.

Die Fahrgäste beobachteten, ob ich hier aussteigen würde. Ich trat langsam und weiter starrend zur Seite und der Aufzug leerte sich bis auf fünf Personen. Eine Frau, die aufgrund der Dauerbeschäftigung mit ihrem Handy nichts bemerkt hatte, und vier Männer. Oben angekommen stieg ich aus und blieb noch ein bisschen in der Nähe der Lifttür stehen. Zwei Frauen, die zuerst im zehnten Stockwerk ausgestiegen waren, stiegen jetzt in meiner Etage hoch oben aus. Wie das?

Ich fragte und klärte die etwas irritierten Frauen auf, dass ich hier ein Experiment gemacht habe. Sie bestätigten mir, dass sie aufgrund meines Verhaltens bei der ersten Gelegenheit ausgestiegen waren und den nächsten Lift abgewartet hatten. Ich nehme an, ich sehe nicht wie eine Terroristin aus. Aber welches suspekte Verhalten hätten die Frauen sehen müssen, um den Portier oder den Sicherheitsdienst des Hauses zu informieren?

Anders lief es bei meinem Mann. Im Unterschied zu meinen 1,60 Zentimetern stand er mit einer Körpergröße von 1,85 Zentimetern kaum zu übersehen an der Lifttür.

Der Lift war mit mehr Menschen besetzt als vorher. Groß und breitbeinig stand er da, formte seine Augen zu leichten Schlitzen. Sein fixierender Blick bewegte sich langsam in der Menschenmenge umher. Im Unterschied zu meinem Mann, dem man „Terror" zutraute, hatte man mich mit meinen 1,60 Zentimetern vermutlich eher für eine Wahnsinnige gehalten.

Wir befragten die Menschen danach, die mit uns Lift fuhren. Angst hatten einige, unsicher waren viele und niemand meldete zwei verdächtige Personen.

In diesem Experiment ging es um das Verhalten der Menschen in einem engen Raum. Wie würden Sie mit Irritationen, wie dem Anstarren, umgehen? Wie gehen Sie mit Angst und Unsicherheit um und vor allem, sorgen Sie für die Sicherheit von jenen, die als Nächstes in den Lift wollen? Melden Sie den Vorfall dem Sicherheitspersonal? Wir fuhren vier Stunden auf und ab. Niemand meldete uns!

Mein Experiment war natürlich eine besondere Situation, aber in ähnlichen Umfeldern ist auch Spannendes zu beobachten.

Überall dort, wo Menschen sich anstellen müssen, z.B. an Supermarktkasse, zeigt sich ganz deutlich Status- und Machtverhalten. Einige große italienische Supermärkte haben deshalb das „Wo stell ich mich an"-Problem" für ihre Kunden gelöst. Genauso wie am Flughafen beim Check in gibt es nur mehr eine Schlange, wo man mittels beleuchteter Nummerierungsschilder erfährt, an welche Kasse der Nächste in der Schlange hinzugehen hat. Kein Streit – kein Statusspiel. Ja, die Menschen brauchen es anscheinend, dass vieles für sie geregelt wird.

Bestimmt haben Sie schon Beobachtungen zu Distanzzonen oder Distanzkreisen gemacht. Immer wenn Menschen zusammenstehen, bekommen wir Informationen über tatsächliche Nähe und Distanz, aber auch über gewünschte

Nähe und Distanz und natürlich über äußeren Hoch- oder Tiefstatus.

Es gibt Menschen, die einfach kein Distanzgefühl haben. Sie kommen dir so nahe, als wollten sie eine Analyse deiner Poren im Gesicht durchführen. Auch das beobachtet man immer wieder. Zwei Personen stehen zusammen und unterhalten sich oder werden von einer distanzlosen Person zwangsunterhalten. Jemand wünscht sich mehr Distanz, ist aber jemandem ausgesetzt, der die angebrachte Distanz nicht einhält. Der Bedrängte geht zurück, der Distanzlose kommt nach. In so einem Fall hilft es dem Bedrängten, sich entweder seitlich zu stellen und einen Arm in der Hüfte in Richtung Distanzlosigkeit aufzustellen, als Barriere. Ein „Bitte halten Sie mehr Abstand" ist mir in solchen Situationen auch schon über die Lippen gekommen.

Wenn jemand beim Handschlag in Ihren nahen Distanzkreis möchte, versteifen Sie einfach Ihren Handschlagarm, bevor Sie die andere Hand ergreifen. Sollte das noch nicht reichen, legen Sie Ihre linke Hand auf die rechte Schulter der distanzlosen Person und versteifen diesen auch. Somit haben Sie den Weg zu Ihnen versperrt und halten die Person auf Abstand. Distanzlosigkeit ist gleich Tiefstatus! Wobei: Denken Sie an Trump und andere Politiker. Dort wird Distanzlosigkeit oft eingesetzt, um einzuschüchtern. Und somit kann das – gezielt und gut gemacht – natürlich wieder einen hohen Wirkungsfaktor haben.

Wenn die Distanzzone zwischen Gesprächspartnern passt, so bleibt diese gleich. Wenn eine Person sich ein Stück zur Seite begibt, weil jemand vorbeigehen möchte, pendelt sich das Gegenüber wieder genau auf dieselbe Distanz wie vorher ein.

Anscheinend sind Menschen von so etwas wie Laserstrahlen umgeben – keine Sorge, ich verfalle jetzt nicht in Science-Fiction-Fantasien, ich versuche lediglich, es etwas zu veranschaulichen. In meinem ersten Buch „Profiling: Ein

Blick genügt und ich weiß, wer du bist“ habe ich es bereits beschrieben. Wir erheben Raumanspruch um unseren Körper herum.

Weil das Thema „Distanzzonen“ oder „Distanzkreise“ im Zusammenhang mit Statusverhalten sehr wichtig ist und immer wieder Stoff für Statuskämpfe bietet, beschreibe ich Ihnen kurz diese Distanzbereiche.

Distanzzone 1 – der intime Rahmen; bis ca. 60 cm: In diese Zone lässt man Menschen hinein, die man kennt oder die man mag. Da darf man sehr nahe heran. Umarmung ist erlaubt. Man kommt so nahe, dass man Körperkontakt hat, sodass man eine Person auch spüren und riechen kann.

Distanzzone 2 – der kleine Rahmen; 60–ca. 90 cm: Die Zone des Vertrauens. Wer sich in diesem Abstand positioniert, zeigt, dass ein gewisses Vertrauen da ist.

Distanzzone 3 – der erweiterte Rahmen; 1–1,5 m: Das ist der Distanzkreis, in dem Begrüßungsrituale durchgeführt werden, mit Personen, die man noch nicht kennt. Man kann sich gerade noch die Hände reichen. Wenn man distanziert wie Vladimir Putin wirken will, ist das eine hervorragende Position.

Distanzzone 4 – der gesellschaftliche Rahmen; 1,5–4 m: Der gesellschaftliche Rahmen bewegt sich in einem Bereich von ungefähr 1,5 bis 4 m. Das ist schon eine weite Distanz. In dieser Zone spricht man vielleicht mit einem Handwerker unverbindlich über ein Angebot.

Distanzzone 5 – der weite gesellschaftliche Rahmen; 2–4 m: Diese Distanz ist sehr unpersönlich. In dieser kann man gerade noch miteinander reden. Ein Gespräch im „Vorbeigehen“ auf der Straße könnte in so einer Distanzzone stattfinden.

Distanzzone 6 – der kleine öffentliche Rahmen: Dieser Distanzkreis ist oft auf Events zu sehen. Jemand spricht aus einer bestimmten Entfernung in ca. 4–8 m zu einer Gruppe.

Oder aber in einer Busstation würde man, wenn es möglich ist, die Weite des kleinen öffentlichen Rahmens wählen.

Distanzzone 7 – der große öffentliche Rahmen: Davon spricht man ab einer Distanz von 8 m.

Jetzt reden wir natürlich über Status und Macht: Es ist wichtig, sich korrekt zu verhalten und die Distanzkreise von Menschen zu respektieren. Möchte ich Beziehung aufbauen und dennoch in korrekter Haltung sein, wähle ich bei mir unbekannten Personen die Distanzzone 3.

Möchte ich jemanden unbedingt vor den Kopf stoßen, peinlich sein und unangenehm auffallen, dann würde ich natürlich die Distanzzone 1 beim Begrüßungsritual wählen. Das kommt „Hammer" an, wenn man eine Person nie zuvor gesehen hat, sie in die Wangen kneift, umarmt und danach liebevoll ihr Haar streichelt. Wenn Sie auffallen oder durchfallen wollen – Bingo, damit gelingt das!

Wenn Sie tatsächlich Distanz aufbauen wollen, ginge das auch schon bei Distanzzone 3, da ist es aber von Ihrem Gesamtverhalten abhängig, ob Sie sich Nähe oder Distanz aufbauen. Garantiert gelingt es, wenn Sie bei Distanzzone 4 beginnen. Bleiben Sie auf weiter Flur und verhalten Sie sich distanziert. Distanziert, aber nicht abwesend. Ich kann mich distanziert und gleichzeitig status- und machtkompetent verhalten.

Wenn Sie Hochstatus zeigen wollen, bleiben Sie korrekt und freundlich. Nicht überfreundlich, keinesfalls überschwänglich. Ein kleiner Unterschied muss sein.

Personen, die sich Raum nehmen, denen gestehen andere ihn auch gerne zu. Mit „Raum nehmen" ist gemeint, einen Raum in einem bestimmten üblichen Maß einzunehmen und sich nicht wie das gesamte Universum auszudehnen. Nehmen Sie sich Raum, indem Sie hüftbreit stehen, öffnen Sie die Arme, wenn Sie gestikulieren, stützen Sie Ihre Hände in den Hüften ab, mit den Ellbogen nach außen gedreht. Nutzen Sie Ihren Raum aus, ohne für andere unangenehm zu werden.

Der Raum, den wir uns nehmen können, ist natürlich auch vom Kontext bzw. der Situation abhängig. Jemand, der in der Kirche auf der Kirchenbank beim Sonntagsgottesdienst sitzt, kann sich nicht extrem ausbreiten und muss auf andere Rücksicht nehmen. Aber sonst bietet Ihnen der Tag genug Gelegenheit, wo Sie Ihren Raum ausnutzen können.

Wie wichtig persönlicher Raum wird, erleben wir seit den letzten Jahren auch in unterschiedlichen Geschäften, Apotheken oder Arztpraxen. Da geht es um Datenschutz zum einen und zum anderen um das Wahren der Privatsphäre.

Und vielleicht ist es auch für Mitarbeiter weniger anstrengend als vorher, einen Kunden nach dem anderen in Ruhe abarbeiten zu können und kein „Ich war zuerst da" zu hören. Es missfällt und stört uns, wenn uns jemand zu nahe kommt, wenn jemand in unseren Raum eindringt. Jemand, der keinen Abstand hält, ist suspekt oder macht Menschen Angst.

Und jetzt sind wir wieder beim Umkehrschluss! Wenn ich mir den Raum eines anderen nehme, kann ich ihn damit natürlich in den Tiefstatus bringen. Ich raube ihm den Raum, mache mich dabei noch groß, spreche mit bedrohlicher und zischender Stimme, nehme ihm den Respekt und erzeuge ein sehr unangenehmes Gefühl. Denn so eine Situation wirkt für den Raumberaubten bedrohlich. Die Frage ist, ob ich das wirklich will oder muss.

Statuswirkung durch Umfeldgestaltung, Kleidung und Statussymbole

Sie sehen also, aus all dem Gesagten, dass unsere Wirkung Auswirkung hat. Eine Wirkung zieht uns also entweder an, sie hält uns von etwas ab oder sie stößt uns ab. Wir haben zu bestimmten Berufsbildern ein klares Bild. Wir haben ein Bild dazu, wie eine Anwaltskanzlei, eine Arztpraxis oder eine Hotelrezeption auszusehen hat. Und wenn sie so aussieht, dann vertrauen wir und fühlen uns sicher. Wenn dem nicht so ist, hat der Mensch, wenn auch hochkompetent, es oft schwer, in seiner Kompetenz wahrgenommen zu werden.

Status Ihres unmittelbaren Umfeldes und Farbwahrnehmung

Sie können Ihren Arbeitsplatz machtvoller oder statusträchtiger gestalten können. Auch wenn Sie kein eigenes Büro haben. Es macht einen Unterschied in Ihrer Macht- und Statuswirkung, ob Sie die Wände hinter Ihrem Schreibtisch mit Bildern von Katzen, Hundewelpen oder ihren Kindern verzieren oder ob Sie Bilder aussuchen, die für Ihren Beruf oder Wirkungsfeld stehen bzw. einen bestimmten Status anzeigen. Plüschtiere, Marienkäfer aus Holz, kleine Bildchen, Souvenirs aus Rimini, haben nichts auf einem wirkungsvollen Schreibtisch zu suchen.

Ich habe zwei Büros, eins in unserem Haus und das offizielle Büro in Wien. Beide Büros ähneln sich vom Stil. Mein offizielles Büro habe ich ja schon beschrieben. Ein status- und machtträchtiger Schreibtisch ist aufgeräumt. Nicht nur der Schreibtisch, das gesamte Büro sollte ordentlich, sortiert und aufgeräumt sein. Ein aufgeräumter Schreibtisch zeigt, dass man seine Arbeit erledigt und das nichts liegen bleibt. Ein unordentlicher Schreibtisch, ein unordentliches Büro vermitteln den Eindruck, dass eine Person überfordert ist und nichts auf die Reihe kriegt.

Auch Farben haben eine Wirkung. Meine Farben habe ich schon von Kindesbeinen an geliebt. Rot, schwarz und auch weiß. Mit diesen Farben fühle ich mich wohl. Sie spiegeln mich und repräsentieren mich. Denn auch im beruflichen Umfeld spricht die Farbe ihre Codesprache, sagt die Farbe etwas aus.

Ganz egal, ob Sie Ihr Büro oder Ihren Schreibtisch gestalten, auf einer Messe einen Messestand aufbauen, Produkte auf den Markt bringen, Ihr Firmenlogo gestalten, Farben haben ihre Wirkung. Und diese sollten Sie kennen. Denn schließlich haben Farben ja auch Statuswirkung! Die Wirkung der Farben auf den Menschen ist wissenschaftlich erwiesen. Farben machen etwas mit uns. Sie beeinflussen uns, lösen Assoziationen aus, die sich in tradierten Bildern festgelegt haben. Farben stehen auch in Verbindung mit Kulturen. Bestimme Kulturen haben ihre Farbe. Während man in Österreich bei einer Beerdigung Schwarz trägt, trägt man in China Weiß. Sie sehen also, Farben werden über Kulturen unterschiedlich definiert.

Wussten Sie, dass Babys als Erstes die Farbe Rot wahrnehmen können? Kinder greifen daher bevorzugt zum roten

Bonbon, zum roten Gummibären, zum roten Matchbox-Auto. Das bleibt meist so bis ins Grundschulalter. Rot symbolisiert die Liebe, vermutlich weltweit, aber auch gleichzeitig Gefahr, Wut, Aggression oder auch Stopp und eine Warnung! Rot ist daher eine aktive, vielleicht auch aggressive und dominante, Farbe.

Grün ist die Natur. Grün steht für Fülle, für Entspannung. Wir verbinden grün mit pflanzlichem Wachstum. Lila verbinden wir mit Religion, Spiritualität, dem Geistigen. Lila wirkt inspirierend und spiritualisierend. Als Farbe an einer Wand, sprich nur an *einer* Wand, wird sie als beruhigend empfunden. An vier Wänden erschlägt sie.

Nutzen wir die Kraft der Farben auch bei der Gestaltung unseres Büros, unseres Arbeitsplatzes. Auch wenn Sie nicht die Möglichkeit haben, Ihr Büro auszumalen oder im großen Stil farblich mitzubestimmen oder zu gestalten, im Kleinen können sie es auf jeden Fall.

Die Farbwahl spielt auch eine große Rolle bei der Positionierung Ihrer Marke und der Wahrnehmung dieser. Das Firmenlogo und Corporate Design sollte sich an verschiedensten Stellen des Unternehmens wiederfinden. Das beginnt mit der Farbwahl im eigenen Büro, im Konferenzraum, in der Küche, im Gruppenraum oder im Kundenbereich. Grundlegend sollte sich Ihre Firmenfarbe dezent und unprotzig durch Ihr Unternehmen ziehen, bis hin zur Serviette, die Ihrem Kunden beim Kaffee auf das Tablett gelegt wird. Farben sind wichtig für unser Wohlergehen. Klassische Büroeinrichtungen in Grautönen sind nicht unbedingt förderlich fürs Gemüt und die Leistungskraft. Und wenn diese schon da sind, sollte eine Wand in einer entsprechenden Farbe ausgemalt sein oder farbliche Accessoires das Arbeitsumfeld aufpeppen.

- ➔ Wählen Sie Ihre Farben mit Bedacht. Was wollen Sie vermitteln?
- ➔ Tünchen Sie nicht alles in Ihre gewählte Farbe, sondern setzen Sie gezielt Farbakzente.

Look at me – Kleidung als äußeres Anzeichen für Status

So einfach wie im Märchen „Des Kaisers neue Kleider" ist es nicht. Egal ob Sie Kaiser sind oder nicht, nackt sind oder bloß schlecht angezogen, im Business werden Sie nicht bejubelt. Das gibt es nur im Märchen.

Seit Jahrhunderten oder sogar seit Jahrtausenden hat Kleidung einen hohen Stellenwert. Der Adel und der Klerus besaßen die teuersten Brokatstoffe in Gold. Kunstvoll verzierte Accessoires dienten dem Hinterlassen eines bemerkenswerten Eindruckes beim anderen. Accessoires oder Kleidung waren meist nicht funktional, sondern einfach nur statusträchtig. Purpur war die Farbe der Könige und geistlichen Würdenträger. Die Kleidung zeigte damals wie heute auf, wer man ist oder wo man herkommt. „Kleider machen Leute", so lautet der Titel einer Novelle von Gottfried Keller, die früher Pflichtlektüre in jeder Schule war.

Das falsche Kleidungsstück bei der Bewerbung, bei der Verhandlung oder in einem anderen wichtigen Gespräch könnte einen Status-Knock-out für Sie bedeuten. Kleidung ist ein Ausdruckselement. Genauso wie Mimik, Gestik, Körpersprache, Stimme, Sprache und proxemisches Verhalten dem Status Ausdruck verleihen, tragen Bekleidung, Accessoires, Stimme und Sprache zur Statusauskunft bei.

Kleider leisten zwar einen wesentlichen Beitrag zu Hoch-

oder Tiefstatus, dennoch erlebe ich manchmal Momente, die mich verblüffen. Jemand steht in absoluter Hochstatuskleidung vor mir. Die Sprache, Stimme und die Körpersprache vermitteln aber Tiefstatus.

Heute steht das Outfit mehr denn je für Status. Kleidung spiegelt unseren Status wider, sie zeigt ihn und der Status lässt Orientierung zu. Kleidung ist ein nonverbaler Kommunikator und sie bestimmt den visuellen Eindruck mit. Der Eindruck kann natürlich unterschiedlichster Natur sein und führt zu Interpretationen über die Person, die sie trägt. Jemand kann durch Kleidung machtvoll, schlampig, nachlässig, nichtssagend, attraktiv, lässig, sexy oder überkandidelt wirken. Der Betrachter schubladisiert und sortiert ein.

Stellen Sie sich vor, jemand möchte Autorität und Kompetenz ausstrahlen. In einem Kartoffelsack wird das nicht gelingen. Bedacht und gezielt gewählte Businesskleidung mit echtem Schmuck und einer passenden Markenuhr verstärkt bereits die Aura der Macht und Dominanz.

Wie meine liebe Kollegin und Freundin, die renommierte Imageberaterin Elisabeth Motsch, immer wieder betont, muss es nicht die extreme teure Kleidung oder die kostspielige Luxusuhr sein, die das Handgelenk ziert. Es entscheidet das Umfeld bzw. das Parkett, was angemessen ist. Ein qualitativ guter und schön verarbeiteter Anzug in einem normalen Preisfeld mit einem weißen Hemd und einer passenden Krawatte – vielleicht in rot – hat schon eine enorme Wirkung, wie Männer in Chefetagen oft demonstrieren.

Auch für Frauen kann ein dunkelblauer oder schwarzer Hosenanzug oder vielleicht ein rotes Kleid mit einem gut geschnittenen schwarzen Blazer eine Statusaufwertung sein. Das ist kein Aufwand, verstärkt aber entsprechende Kompetenzbotschaften. Es muss also nicht unbedingt das Teuerste sein, aber das Richtige und Wirkungsvolle. Denn zum Beispiel eine Führungskraft sollte auch als solche identifiziert werden können. Mitarbeiter wollen ihren Häuptling erkennen und der Kunde benötigt diese visuelle Differenzierung ebenso.

Arbeiten Sie aber in einer Projektgruppe oder im Team in gleichwertiger Position, dürfen Sie natürlich Ihren eigenen Stil habe, sich aber auch an das soziale Gefüge anpassen und nicht mit einem Status-Overkill Position beziehen. In Teams fordert eine bestimmte Gleichartigkeit die Kommunikation bzw. Kooperation.

Unterschiedliche Ereignisse erfordern unterschiedliche Kleidung. Wenn ein Versicherungsberater zu einer Familie geht, wo der Vater in einem Installateurbetrieb arbeitet und die Mutter Buchhalterin in einem kleinen Betrieb ist, sollte der Versicherungsberater nicht mit dem teuersten Anzug, der Panerai am Handgelenk und dem Montblanc-Kugelschreiber aufkreuzen. Ein Sakko zu einer gepflegten und businesstauglichen Jeans verhilft zu einer angenehmeren Atmosphäre. Der Kunde soll sich nicht unterlegen, sondern wohlfühlen. Stellen Sie sich doch vor jedem Ereignis, Event oder Businessmeeting die Frage, was hier passend ist. Es geht darum: Was ist hinderlich und was ist förderlich? Was will ich auf diesem Event oder Meeting erreichen und welches Outfit kann mir dabei helfen?

Wenn ich einen TV-Auftritt habe oder am Podium mit mehreren Personen diskutiere, habe ich schon mal verschiedene Outfits zur Auswahl mit. Sind die anderen nicht in Schwarz gekleidet, dann kleide ich mich schwarz. Schwarz ist ja angeblich keine Farbe, das berührt mich aber nicht. Ein schwarzes Outfit und mein roter Lippenstift reichen meist, um mich kompetent und „fokusdominierend“ in Szene zu setzen. Sind mehrere „men or women in black“ am Podium oder in der TV-Diskussionsrunde, tausche ich mein schwarzes Top gegen ein rotes oder gegen eine rote Bluse. Im allerkrassesten „Ich will gut gesehen werden“-Fall tausche ich den schwarzen Blazer gegen einen roten aus.

Der Fall „Rüschenbluse und Handtasche" – Statusbonus oder Statusfalle

Ich war in einem Unternehmen für ein Recruiting gebucht. Die vier potenziellen Kandidaten, zwei Frauen und zwei Männer, standen fest. Es ging um eine Führungsposition in der obersten Liga. Sie wurden von meinem Kunden und seinem HR-Team ausgewählt. Die Kandidaten hatten vorab schon ein aufwendiges Bewerbungsprozedere durchlaufen. Nun sollte ich bei der letzten Entscheidung beratend zur Seite stehen.

Die Bewerber kamen in den Raum. Ich hatte das Setting kooperativ ausrichten lassen, so dass sich die Bewerber auch wohlfühlten. Alle vier Bewerber waren ausgehend von ihren Unterlagen, und mehr hatte ich noch nicht von ihnen gesehen, wirklich qualifiziert für diese Position. Sie erforderte eine klare Mitarbeiterführung, das Konstrukt des Unternehmens war sehr kompliziert. Jemand, der hier die Leitung übernahm, musste Menschen wirklich mögen und auch Diversitäten respektieren und positiv nutzen. Die Person musste inneren Status haben und natürlich auch Führungsstatus nach außen präsentieren.

Bewerber präsentieren sich meistens von ihrer allerbesten Seite. Aussagen wie: „Ich bin so kommunikativ, Respekt ist mir wichtig, man muss wertschätzend sein, ich bin ja so teamfähig" hören wir ständig in Bewerbungsgesprächen.

Diese vier Teilnehmerinnen und Teilnehmer betraten nun den Raum. Wobei, bei Nr. 1, einem Mann von ca. 35 Jahren, stimmte das nicht so recht. Er „erschien". Auch das ist nicht ganz richtig: Er ließ sich irgendwie erscheinen. Er drängte sich an den anderen vorbei und startete auf seine Zielperson, den HR-Chef, los. Die anderen kannte er nicht. Den Knigge zu kennen kann durchaus hilfreich sein. Doch dieser Mann war so von sich überzeugt, dass aus narzisstischer Betrachtung auch kein Knigge nötig ist, weil er im Leben sowieso Superstar ist. Während die anderen noch höflich warteten, vollendete er die Handschlagrunde und nahm ungefragt Platz.

Anscheinend wollte er den Superstar markieren, was hier total schieflief. Er ließ sich gegenüber dem Personalleiter in einen Sessel plumpsen. Ich sagte, als er schon saß: „Nehmen Sie bitte Platz." Das irritierte ihn leicht, denn sah ich „Trottel" denn nicht, dass er dies eh schon tat?

Nun stand ich auf, der HR-Leiter und der Vorstand taten es mir gleich. Wir gingen um den Tisch nach vor und begrüßten die drei noch stehenden Kandidaten und baten sie dann, Platz zu nehmen. Das steigerte die Irritation von Kandidat 1 noch mehr. Wie er die ersten Bewerbungsrunden überlebt hatte, war mir schlicht und einfach ein Rätsel. Ich kam aber dann drauf. Er war „Sohn". Und zwar Sohn eines guten Freundes des Vorstandes. Deshalb verhielt er sich weiter so jovial, siegessicher und extrem großkotzig. Mich beeindruckte in diesem Fall eine Kandidatin.

Sie hatte einen exzellenten Lebenslauf, Führungserfahrung, war rhetorisch top, sehr taff, aber auch empathisch, wirkte kompetent und kongruent, blieb im Gespräch am Ball und positionierte sich ausgezeichnet. Das Einzige, was mich störte, war ihr Outfit und Styling. Denn es gibt auch Dresscodes und Statuscodes in Unternehmen. Und gerade in hochrangiger Position sollte man um das Thema „Knigge" genauso wie um das Thema „Businessoutfit" Bescheid wissen.

Sie trug einen dunkelgrauen Blazer und darunter eine weiße Bluse. Der Kragen der Bluse war eine Mega-rund-um-Rüsche. Sie war so eingerüscht, dass ihr Kinn fast bedeckt war und die Lippen aus den Rüschen heraus sprachen. Die Bluse wirkte abgetragen. An einem ihrer abgestoßenen Blazerärmel prangte ein halber, abgebrochener Knopf. Die Frisur war okay, das Make-up leicht schief. Und dann war da noch die Handtasche. Sie hatte verges-

sen, das Handy abzudrehen, und dieses begann in einem riesigen goldenen Handtaschenbeutel zu läuten. Die Tasche hing an der Stuhllehne. Sie drehte sich nach hinten, um das Handy aus der Tasche zu fischen. Diese fiel zu Boden und breitete sich flach wie eine Flunder am Teppichboden aus. Sie hockte sich neben den Sessel auf den Boden und durchwühlte die Handtasche wie ein Kaufhausdetektiv bei der Durchsuchung. Endlich fand sie das Handy und drückte „Aida" weg. Der Vorstand flüsterte mir ins Ohr: „Wenigstens Musikgeschmack hat sie!" Kandidat Nr. 1 saß überheblich grinsend daneben und schüttelte von abwertender Gestik begleitet den Kopf.

So, nun saß sie wieder bei Tisch und entschuldigte sich wirklich souverän für diese Störung. Nach einem langen Gespräch mit den vier Kandidaten machten wir einen Break, weil wir drei der Kandidaten jetzt verabschieden würden. Mit der verbleibenden Person wollten wir gleich die Einstellung besprechen, weil ich ja nur diesen Tag vor Ort war.

Die Entscheidung war sehr schnell getroffen und wir waren alle ausnahmsweise derselben Meinung. Kandidat Nr. 1, der Superstar, wurde von allen, insbesondere vom Vorstand, abgelehnt. Darüber war das HR-Team glücklich, denn alle hatten befürchtet, den Vitamin-B-Kandidaten einstellen zu müssen. Nr. 2 und 3 konnten nicht überzeugen und jetzt blieb noch Kandidatin Nr. 4.

Die Frau mit dem goldenen Handtaschenmonster und dem unglücklichen Outfit. Sie hatte alle inhaltlich überzeugt, aber vom äußeren Auftritt und der Statuswirkung nicht. Einen Arzt erkennt man an der Berufskleidung, einen Krankenpfleger auch, ebenso sollte ein Kellner, ein Rezeptionist oder eine Führungskraft in diesem Punkt entsprechend der Unternehmenskultur keine Ausnahme machen.

Wir führten nun das Gespräch mit Kandidatin Nr. 4. Der Vorstand lobte ihre Qualitäten und Kompetenzen, sagte ihr aber dann auch, dass er sie gerne einstellen möch-

te, aber daran noch eine kleine Bedingung geknüpft war. Sie sollte einen Coach bekommen, nämlich mich, damit sie wirklich fit für die Position war. Schlau wie sie ist, fragte sie sofort nach, was sie denn verbessern sollte. Sie bekam Feedback und nahm es gerne an. Sie war eine Person, die auf Äußerlichkeiten keinen Wert legte. Sie hatte diese großartige Seite, dass sie Menschen in ihrem Inneren wahrnahm, das Äußere hatte für sie keine Bedeutung.

Sie gab auch zu, keine Ahnung von Outfits zu haben, und fügte lachend hinzu, dass sie die Bluse schon seit ihrem 18. Lebensjahr besaß. Ich bin zwar kein Stilberater und werde auch nie einer werden wollen, dennoch konnte ich ihr ein paar wertvolle Tipps geben, die sie prompt umsetzte. Vor allem gab ich ihr den Rat: Eine Businesstasche sollte von alleine stehen können! Sie darf nicht umfallen und zerfließen. Auf dieser Tasche muss keine Edelmarke prangen. Sie muss eine gute Qualität haben, sollte in ihren Fächern auch A4-Formate unterbringen können und idealerweise noch ein Handyfach haben, auf das man schnell zugreifen kann.

Einige Zeit später hielt ich in der Nähe dieses Unternehmens eine Keynote auf einer Konferenz. Danach signierte ich Bücher. Ich schaute auf und schaute in kein Gesicht, sondern auf eine schöne schwarze lederne Businesshandtasche, die sich eine Frau vor den Kopf hielt, um danach gleich dahinter aufzutauchen. Sie stellte diese Tasche vor mir auf den Tisch und sagte lachend: „Sie steht, Frau Staniek, sie steht!“

Statuskleidung kann, muss aber kein Vermögen verschlingen. Auch in preiswerter und gut gewählter Kleidung kann man kompetent, machtvoll oder autoritär wirken.

Statussymbol Füller oder Kugelschreiber

Ein stilvolles Schreibgerät hat nach wie vor einen sehr hohen Status. Ob Gold oder Silber ist manchmal Geschmackssache, es kommt auf den Typ an. Oft wählt der konservativere Typ den Goldfüller, der moderne einen aus Silber, Weißgold oder gar Platin. Es muss nicht Montblanc sein, sollte aber wertig aussehen.

Unterschreiben Sie niemals wichtige Verträge oder wichtige Schreiben mit einem Werbeplastikkugelschreiber. Das stampft Ihren Status in den Boden. In diesem Zusammenhang erinnere ich mich an einen Termin bei einem Kunden. Ich hatte meinen wunderschönen Faber-Castell-Füller in einer Aktentasche im Auto vergessen, den mir mein Mann zum Geburtstag geschenkt hatte. Meine Kundin kam etwas früher und ich nahm einen normalen, einfachen Kugelschreiber. Sie erwähnte, wie toll sie meinen Hosenanzug und meine Businesshandtasche fand und wunderte sich darüber, dass ich scheinbar kein Faible für schöne Schreibgeräte habe. Ich mag stilvolle Dinge und habe es mir gemerkt. Es sollte alles stimmig sein und passen. So wie Dieter Bohlen mal sagte: „Es geht um das Gesamtpaket!“

Heikles Thema: Statusverlust durch „zu viel Holz vor der Hütte“ und Co.

Es sollte allen bekannt sein, da es aber immer wieder zu sehen ist, möchte ich es explizit erwähnen: Zu viel *Dekolleté* senkt den Status. Vielleicht wird der Erotikstatus dadurch gehoben, der Kompetenzstatus sicherlich nicht. Denn wer sich zu aufreizend kleidet, kommt ins Gespräch. Nur: zu welchem Thema? Natürlich liefert ein freizügiges Dekolleté einen Blickfang, an dem auch manches Männerauge hängenbleibt. Zu viel Dekolleté oder gar ein bauchfreies Top sieht beim manchen, die es sich leisten können, bestimmt sehr sexy aus, doch seriös und kompetent wirkt es nicht. Es lenkt vom Fachlichen ab und stellt die Autorität unnötigerweise infrage.

Wer gerne Ausschnitt trägt, muss wissen, dass das Weichgewebe des Busens bzw. die Brustfalte nicht sichtbar sein sollte. Ein kurzer Beugetest vor dem Spiegel zeigt außerdem, wie sich die Oberweite bewegt und wo der Ausschnitt bei Bewegung de facto aufhört. Natürlich ist etwas „Freiheit fürs Dekolleté" im privaten Umfeld erlaubt, aber auch so unaufdringlich, dass man den Frauen ins Gesicht schaut und nicht nur ins Dekolleté.

Noch weitere, häufig diskutierte Fragen möchte ich im Zusammenhang mit der Bedeutung für den Status ansprechen.

Tun Sie sich einen Gefallen und verzichten Sie auch auf *Ballerinas* im Business. Gefühlt fünfzig Prozent der Frauen und fast jeder Mann finden, dass Ballerinas schrecklich aussehen und dass Ballerina-Trägerinnen watscheln. Bequem hin und bequem her: Frauen dürfen sich nicht wundern, wenn sie in ihren Ballerina-Schühchen nicht ernst genommen werden. Es ist nichts einzuwenden gegen flache Schuhe mit einem bis zwei Zentimetern Absatz, denn jede Frau muss sich in ihrer Absatzhöhe wohlfühlen. Aber bitte nicht Ballerinas mit der runden Schuhspitze und dem Schleifchen vorne, denn das sind Klein-Mädchen-Schuhe ohne kraftvolle Wirkung und ohne Status.

Bei den *Rocklängen* ist sich die Damenwelt nicht immer einig. Ist die perfekte Länge nun ein bis zwei Handbreit über dem Knie oder doch knieumspielend? Fakt ist: Ein zu kurzer Rock rutscht beim Hinsetzen hoch und gibt den Oberschenkel frei. Das ist weder business- noch ladylike, noch gibt der Minirock Ihnen den Status, den Sie sich vielleicht wünschen. Ein Rock, der das Knie umspielt, wirkt elegant und seriös.

Er rutscht beim Hinsetzen nur unmerklich hoch und lenkt somit nicht ab.

Weniger ist mehr. Eine auffällige Kette oder baumelnde Ohrringe lenken im Gespräch ab. Schmuck sollte harmonisch zu Ihrem Outfit passen. Außer Sie arbeiten in der Schmuck- oder Modebranche. Piercings an Lippen und Augenbrauen mögen zwar in manchen Branchen cool wirken, haben aber nichts im konservativen Business verloren. Armbänder, die ständig gegen den Tisch schlagen, nerven. Ein Anhänger darf nicht ins Dekolleté fallen. Echt oder unecht? Sie müssen keinen echten Schmuck tragen, um Status zu haben. Sie sollten aber auf billig wirkenden Schmuck verzichten.

Es gibt hochwertigen und sehr schönen Modeschmuck. Wer einen echten Diamantring trägt – man erkennt ihn am Funkeln – erhöht seinen Status. Aber Vorsicht, echter Schmuck oder echte Steine heben nur dann Status, wenn das Gegenüber diesen als solchen erkennt. Sonst nicht. Früher war der Ring von Cartier, er hieß Trinity (drei ineinander verschlungene Ringe), das Statussymbol. Heute ist er ein Klassiker, hat aber nicht mehr denselben Stellenwert wie früher. Die Hanseatinnen lieben ihn nach wie vor. Für die hippe Berlinerin ist er ein alter Hut.

Tipps für den Mann im Berufsleben

Auch für Männer gibt es – wie für Frauen – viele Ratgeber zum Thema „Bekleidung“, in Buchform und durch Coaches, die sogar Einkaufsberatung machen. Deshalb möchte ich an dieser Stelle nur einige Fragen ansprechen, die oft auftauchen. Ich kann Ihnen jedenfalls versichern, dass es sich auszahlt, sich damit intensiv zu beschäftigen und Ihren höchstpersönlichen Stil zu entwickeln.

Je nach Dresscode tragen Sie *Anzüge und Hemden mit Krawatte*. Die Jungen und Unkonventionellen unter Ihnen gerne auch ohne Krawatte oder in einer Kombination von Sakko mit Chinohose und vielleicht noch Turnschuhe dazu. Immer wieder begegne ich sehr stilsicheren Männern, davon aber noch zu wenigen. Klassisch, bemüht, nett und adrett, oft fehlt der Pfiff. Dabei kann der Mann, genauso wie die Frau, mit Kleidung ein Status-Statement setzen. Allerdings komme ich bei meinen Aufenthalten in Italien oft ins Staunen über die Stilsicherheit von manchen Männern.

Wenn Sie *Krawatte* tragen, dann bitte perfekt kombiniert. Eine Krawatte macht noch lange keinen Mann, noch vermittelt sie Wert, wenn sie wie ein ungeliebtes und stilloses Accessoire um den Hals gehängt wird. Von zu kurz oder zu lang gebunden wollen wir gar nicht sprechen. Eine mit Liebe zum Detail und zum Träger ausgesuchte Krawatte, passend zum Anzug in Farbe und Muster, erhöht die Wirkung enorm. Im gehobenen Management sind Krawatten von bestimmten Marken ein Statussymbol. Zum Beispiel sind Krawatten von Hermès Status im konservativen Business-Umfeld. Hermès-Krawattenträger erkennen sich am Muster der Krawatte. Das verbindet. Soll es keine Krawatte im gehobenen Preissegment sein, muss sie perfekt zum Anzug und Ihnen passen.

Früher galt das *Einstecktuch* als besonderes Statussymbol. Im Private Banking oder in exklusiven Unternehmensberatungen getragen, waren sie ein Zeichen für Stil und Status. Heute trägt man zum Anzug kaum noch Krawatte, dafür Einstecktücher, sie haben die Krawatte ersetzt und wirken ohne Krawatte weniger formell. Ein Anzug mit Krawatte und Einstecktuch wirkt oft overdressed. Wer es versteht, mit einem farblich passenden Einstecktuch und der Sockenfarbe im selben Ton zu spielen, dazu ein perfekt sitzendes Outfit trägt, erhöht als Stilkönner ebenso seinen Status. Hat ein Sakko ein eingenähtes Einstecktuch, das rausgezogen wird, ersetzen Sie es durch ein richtiges Einstecktuch. Sonst wirkt das wie die Billigkrawatte vom Diskonter und mindert den Status.

Passende *Schuhe und Gürtel* sind das Tüpfelchen auf dem i. Passt der Gürtel nicht zum Schuh, wird man(n) sofort als Stil-Banause abgewertet. An den Schuhen scheitert meist guter Stil. Ein unpassender, ungepflegter Schuh, vielleicht noch mit der falschen Sockenfarbe aus billigem Material, das Fusselknötchen an der Ferse bildet, und aus ist es mit dem Status, wenn Ihnen eine stilsichere Person gegenübersteht.

Die Farbe und das Leder der Schuhe und des Gürtels müssen ident sein. Es wird nicht der cognacfarbene sportliche Glattledergürtel zum dunkelbraunen Rauhlederschuh getragen. Da verlieren Sie enorm an Status. Besonders Frauen achten auf dieses Detail. Verschenken Sie keine wertvollen Statuspunkte!

Eine Frage, die sich viele Herren stellen: *Turnschuhe zum Anzug*? Das kann richtig gut aussehen oder auch richtig schlecht. Wer es versteht, einen Anzug mit tollem Hemd oder Shirt und coolen Turnschuhen zu kombinieren, hebt damit seinen Status. Das steht nicht jedem! Dieses Outfit muss zu Ihrer Branche passen (geht nicht in einer Bank, wohl aber in einer Werbeagentur oder einem Modeunternehmen) und es muss richtig gut durchdacht sein, sonst wirkt es bemüht und der Schuss geht nach hinten los.

Ein Klient von mir, ein stylischer Düsseldorfer, trägt gerne Anzug mit Maßhemd, weißen Sneakers und ohne Socken. Er sieht richtig top aus. Da stimmt wirklich alles. Er hebt damit seinen Status als Stilkönner und erfolgreicher Unternehmer.

Socken oder Kniestrümpfe? In jedem Stilratgeber werden Sie lesen, dass der stilvolle Mann Kniestrümpfe trägt. Ja, das stimmt, wenn Sie sich in einem Umfeld von Stilkönnern bewegen und die Perfektion des Stils lieben. Kniestrümpfe können Ihren Status erhöhen. Sind Ihr beruflicher Kleiderstil und Ihr Umfeld locker und unkompliziert, ist gegen eine Socke, die lang genug ist, um beim Sitzen keine Haut zu zeigen, nichts einzuwenden. Sie mindert nur dann Ihren Wert, wenn der Kniestrumpf Teil eines exklusiven Stils und des Statusspiels ist.

Und nun zur *Farbe* der Kniestrümpfe oder Socken. Vergessen Sie den Ausspruch: „Schwarz geht immer“! Schwarz geht nur dann, wenn die Hose oder die Schuhe schwarz sind. Wer seinen Stil ein wenig toppen möchte, wählt die Kniestrümpfe/die Socken in der Farbe der Hose und nicht in der Farbe der Schuhe. Es gibt noch die Möglichkeit, die Farbe der Krawatte oder des Einstecktuchs als Sockenfarbe aufzunehmen. Einen Werteverlust erleiden Sie mit lustigen Sockenmotiven wie Comicfiguren oder Ringelsocken. Sonst kann das in der Freizeit mal ganz lustig sein, im Geschäftsleben haben diese Motive nichts verloren. Sie ziehen Ihren Auftritt ins Lächerliche, auch wenn Sie diesen noch so toll finden. Außer Sie sind der Typ dazu und arbeiten in einer Branche, wo das passt oder das Anderssein selbst ein Statusspiel ist.

Statussymbol Uhr

Wenn mein Mann in seinen Uhrenkatalogen oder auf seinen Uhrenwebseiten liest, ist er tief versunken. Er liebt Uhren und ist mittlerweile Experte. Wenn ich ihn frage, warum ihn Uhren so faszinieren, erzählt er mir von technischen Verfahren, technischen Details, Lifestyle- und Lebensgeschichten, die im Zusammenhang mit Uhren stehen.

Eine Uhr repräsentiert einen bestimmten Lifestyle. Jede Luxusuhr hat einen bestimmten Käufertypen, der mit seinem Stil, seinem Image und seiner Geschichte zu dieser Uhr passt.

Den Dresscode bewusst brechen?

Als Kinder und junge Menschen haben wir gelernt, dass das Befolgen von sozialen Regeln einen Nutzen für die Gesellschaft hat. Wir lernen Verhaltensregeln. Was trage ich in der Schule, welche Kleidung wird von mir bei einem Bewerbungsgespräch erwartet? Ein bekannter Regelbrecher war der vor Kurzem verstorbene Niki Lauda. Er trug sogar am Wiener Opernball seine rote Kappe. Das ging, weil er sich Status erarbeitet hat. Manchmal kann natürlich eine Abweichung von einer allgemeinen Kleiderordnung einen Statusvorteil haben. Nur das muss man sich eben leisten können!

Wir scannen Menschen, wenn Sie auf uns zukommen, und interpretieren ihren Kleidungsstil. Jeder Mensch drückt mit seiner Kleidung etwas aus, ob er es will oder nicht. Mit Kleidung bzw. Outfit assoziieren wir viel. Die Geschmäcker sind so vielfältig wie die Meinungen darüber. Manchem ist Kleidung wichtig, manchem ist sie vollkommen egal, manche kleiden und stylen sich top und manchen greifen voll daneben. Der optische Auftritt sollte Alter, Beruf und Lifestyle entsprechen. Männer und Frauen, gerade wenn sie schon älteren Semesters sind, wirken oft wie in der Clownerie. Wenn das Make-up zu stark und zu bunt ist, ein Rock zu kurz, beim Mann eine Hose im Schritt zu eng wird, dann sieht es nicht mehr schick, sondern verkleidet und oft auch peinlich aus.

Und da wären wir auch schon in der Welt der Täuschung angekommen. Wie oft ist es denn schon passiert, dass jemand als Arzt praktiziert hat und gar kein Arzt war? Der Arztkittel verleiht die Berechtigung! Oder der Heiratsschwindler, der sich als Millionär ausgibt und auf Kosten jener Frauen lebt, die auf ihn hereingefallen sind. Der äußere Anschein ist das Erste, worauf die Menschen hereinfallen. Eigentlich sollte der Mensch so sein dürfen, wie er ist. Nur diese Annahme ist in der Realität illusorisch oder fast schon Science Fiction, genau wie die Aussage: „Die Würde des Menschen ist unantastbar.“ Wir stecken Menschen in Schubladen und werden ebenso ständig in welche hineingestopft. Wir grenzen Menschen aus, die nicht zu unserem Status passen und holen welche in unseren Dunstkreis, die unserem Status entsprechen und die es in unseren Augen wert sind, dazuzugehören.

Mode und Trends leben vom Stilwechsel und machen die Modewelt bunter. Mode erinnert uns ein Stückchen daran, dass sich alles ständig verändert. Sie ist nicht festgeschrieben. Stilrichtungen in vielen Bereichen, vor allem in unterschiedlichen Berufen, im Wesentlichen schon. Wir passen uns natürlich immer wieder neuen Richtungen und Trends an. Denn auch das hat mit Zugehörigkeit zu tun. Das Mittragen einer Bekleidungsphilosophie, eines Lifestyles, schafft ebenso Distanzierung zu anderen Linien. Und Kleidung ist ebenfalls ein äußerer Repräsentant für Tiefstatus und Hochstatus. Wir passen uns unseren Kulturen und Subkulturen mit der Kleidung an. Denn der Mensch braucht Zugehörigkeit. Und oft wird diese über die Kleidung repräsentiert.

Auch kommen Menschen aufgrund ihrer Bekleidung soziale Bewertungen zu. Kinder erleben das oft schon im Kindergarten oder in der Schule. Ihr Menschsein wird über die richtige oder falsche Marke bewertet. Ich gehe davon aus, dass sich im „Markenverhalten“ und im Differenzierungsverhalten auch die Elternschaft widerspiegelt. Der Bekleidungshabitus von Kindern kann den Lifestyle der Eltern mitrepräsentieren. Kann, aber muss nicht.

Durch Zufall traf ich eine entfernte Bekannte mit ihren beiden Kindern, zehn und vierzehn Jahre alt, in der Wiener Innenstadt. Ich hatte noch ein bisschen Zeit bis zu meinem nächsten Termin und lud die drei in ein Kaffeehaus ein. Die Kinder erzählten mir, dass sie jetzt mit Mami shoppen gehen wollten, und gaben mir detailliert darüber Auskunft, welche Marken sie bevorzugten und was welches Kleidungsstück oder jene Schuhe kosteten. Gut informiert. Die provokante Frage, ob sie mir den Namen des aktuellen österreichischen Bundespräsidenten nennen können, schluckte ich diesmal elegant hinunter. Aber dieser Fall macht deutlich, dass wir von klein auf damit konfrontiert werden, über Kleidung, Statussymbole – in dem Alter auch über das neueste Spielzeug – dazuzugehören. Und das setzt sich unser ganzes Leben lang fort.

Gastbeiträge

Status Auto im Wandel der Zeit – und was E-Auto-Ladestationen mit Status zu tun haben werden – Manfred Staniek

Manfred Staniek, CEO Finance, Patricia Staniek, Int. Consulting, Profiling & Criminology

Foto: Manuel Graf

In den 70ern war für mich, als benzinaffinfrühberufenen Zehnjährigen, das Kartenspiel „Piatnik Auto-Salon" (Quartett Nr. 298) das „Who is Who" meiner damaligen Autowelt. Allerdings wurde ich von Mitschülern, deren Väter schon damals einen PS-starken (das waren 90PS+) BMW in der Reihenhausgarage stehen hatten, mit deren Sportwagen-Quartettkarten gnadenlos ausgeknockt. Ich verstand früh, wie deren Regeln funktionierten, und erweiterte meinen damaligen Favoritner-Vorstadthorizont bis tief hinein in die Parkzonen der sogenannten Nobelbezirke. Dort standen sie, die wahren Werte dieser Zeit. Und ich hatte einen Plan gegen die Schmach dieses Status-Quartetts gleichaltriger Hochnasen. Ich lernte, dank meines nagelneuen „Die schnellsten Sportwagen“-Quartetts, alle enthaltenen Daten auswendig und war hoch motiviert, den mir zustehenden Status zurückzuerobern! Es war an der Zeit, diesen bis dahin Überlegenen aufzuzeigen, dass einzig meine besseren Sportwagen-Beschleunigungswerte und deren Höchstgeschwindigkeiten zählten. Und das Beste war meine neue Blitztrumpf-Karte im Quartett, ein Opel Commodore GS/E mit 160 PS – gut für 200 km/h. Nun standen sie da mit roten Backen, denn jetzt knockte ich damit deren Status-Pseudo-Sportwagen aus. Yes, my cars are bigger than your cars!

Nur ein Mitschüler qualifizierte sich damals schon für einen vorderen Platz unter den Umweltaktivisten in der Hainburger Au, denn sein ganzer Stolz war dieses Piatnik-“Autos ’74“ Quartett. An sich auch tolle Autos, hatten aber in der Zeit von Benzinkrise und autofreiem Tag mit dem Hauptschwerpunkt „Jetzt auch mit Angabe des Kraftstoff-Normverbrauchs“ nur Tiefstatus-Chancen und katapultierten seinen Besitzer damit in die Bedeutungslosigkeit unserer vorpubertierenden Wilde-Kerle-Gemeinschaft.

Dass ich damals nicht falsch lag, bestätigte mir Jahre später der bis heute legendäre Ausspruch von Rallysport-Ikone Walter Röhrl: „Beim Beschleunigen müssen die Tränen der Ergriffenheit waagrecht zum Ohr hin abfließen.“ Und Nena zusammen mit Markus sangen für uns Führerschein-Neulinge der 80er: „Gib Gas, ich will Spaß!“ Die von uns begehrten Mädchen bevorzugten damals eher „Kleine Taschenlampe brenn“, aber das ist eine andere Status-Geschichte.

Ich bin froh, in diese unbeschwerte Zeit ohne Dieselskandale und Abgasmanipulationen und folglich drohender Fahrverbote hineingeboren worden zu sein. Wir genossen es, an unseren Autos herumzuschrauben und als möglichen Status seltsame Plastik-Jalousien in Heizkörperoptik auf die Heckscheibe zu kleben. Martialische, den Status erweiternde Front- und Heckspoiler aus Hart-PVC, die gefühlt meist schon 10 cm vor der wirklichen Randsteinberührung aus Angst davor zersplitterten. Und Sportlenkräder, für die als Airbag in der Mitte ein harter PU-Schaum-Aufprallschutz reichte, um unseren Hart-Kerle-Status zu untermauern. Wir dachten ja ohnedies, wir wären bessere Autofahrer, als James Dean es je hätte werden können.

Als vor Kurzem in einem Inserat ein vollständig restaurierter über dreißig Jahre alter Lotus Esprit auf der Willhaben-Autoplattform zum Verkauf angeboten wurde, erinnerte mich das an eines meiner unvergesslichen Hochstatus-Gefühlserlebnisse, wobei es der Spezifikation entsprechend möglich erschien, mit genau diesem damaligen Supersportwagen Mitte der 80er unterwegs gewesen zu sein. Wie es damals zu diesem Gefühl kam? Ich war der kleine Angestellte eines Autohauses, der sich dieses Auto nie hätte leisten können. Daher genoss ich die Momente, in denen ich damit fahren konnte, und wenn sich dann die meisten Leute auf der Straße nach uns umdrehten, umso mehr. Und ja, an diesem speziellen Tag hatte ich sie wieder, diese unbeschreiblichen waagrechten Freudentränen der Ergriffenheit aufgrund der sportlichen Beschleunigung dieses tiefliegenden Flachkeils auf vier Rädern. Aufgrund der Bauform dieses Sportwagens ergaben sich beim Fahren diese Momente: Ich bekam praktisch nicht genug davon, im beängstigend niedrig sitzenden Tiefstatus, knapp über der Erde im dahingleitenden inneren Hochstatus, die Von-oben-herab-Blicke der am Straßenrand im Status des Staunens verharrenden Mitmenschen zu genießen. Ich fühlte mich an diesem Tag, in dieser nach rotem Leder riechenden und damit rundum ausgekleideten, engen Fahrerzelle, beschallt von der dreiteiligen Stereoanlage im Dachhimmel und dem hinter mir röhrenden Turbomotor als König dieser Welt!

Okay, mein Hochstatus endete abrupt, denn neben mir saß damals ein optischer Tiefstatus-Automatenaufsteller aus der Steiermark, der sich für dieses Vorführfahrzeug aus unserer Lotus-Generalvertretung interessierte und jetzt darauf bestand, endlich selbst fahren zu können. Aufgrund seiner Kleidung und seines Auftretens sah ich in ihm weniger einen potenziellen Kunden für dieses Hochpreis-Status-ATS-580.000-Gerät, eher den aufkommenden Probefahrt-Touristen der ersten Generation. Richtig unsympathisch wurde er mir aber erst bei der Rückkunft im Autohaus, denn da öffnete er mir meine von Vorbehalten verschlossenen Augen mit einem Satz. „Ich kaufe das Auto, kann ich bar bezahlen?“ Ich bin froh, mich nicht an meinen damaligen Gesichtsausdruck erinnern zu können, denn von Stirnfalten, offenem Mund bis zu 5 mm Augenweiß, entsprechend der Angst, dieses Auto nie wieder fahren zu können, war darin sicher alles zu sehen.

Aus all diesem emotionalen Interesse kontaktierte ich den aktuellen Verkäufer des restaurierten Lotus und es bestätigte sich mein Verdacht. Es war diese damals verkaufte Nummer 006 von nur elf produzierten linksgesteuerten „Lotus Essex Turbo“-Modellen. Mit diesem Auto verband ich, Status hin oder her, eine schöne innere Hochstatus-Erinnerung, ganz ohne jeden Neid, weil ich so ein Auto nie besitzen konnte.

Trotzdem drehten sich immer wieder viele Leute nach meinen bisher gefahrenen „Mittelklasse“-Fahrzeugen um. Obwohl ich mehr Wert auf Preis/Leistung legte, schaffte ich es mit wenigen Änderungen, meine Autos für mich persönlich einzigartig zu machen und damit einhergehend auch einen Sonderstatus zu schaffen. Etwa wenn ein Firmenkombi benötigt wird, dann schwarz, tief, breit und mit einer 4-Rohr-Edelstahl-Auspuffanlage. Diese war eigentlich nicht wirklich notwendig, aber als Benzinaffinfrühberufener nur schwer zu vermeiden. Aber spätestens in den Momenten, in denen dir ein von Testosteronüberschuss beschleunigter Führerscheinneuling im Rückspiegel fast unter der Heckklappe hängt, weil du hast ja den vermuteten 4-Rohr-Sportwagen-Status, wird's entbehrlich. Letztendlich stand nach neun Jahren sowieso ein Wechsel an. Ich entschied mich für den Unschuldsstatus der Farbe Weiß. Aber tief und breit mit einigen Veränderungen sollte dieses Auto trotzdem sein. Diesmal mit stilvoll kupferfarbenen, statt schreiend rot lackierten, Bremssätteln zu den gelochten Bremsscheiben. Ich hatte nicht den Anspruch, „mit dem Auto aufzufallen"! Aber vielleicht war der Tausch von original silbernen 19-Zoll-Felgen auf nun passende braune bzw. kupferfarbene 19-Zöller mit silbernem Felgenrand der Grund, warum sie es schon wieder tun, diese vereinzelten von fachlicher Kompetenz verwöhnten Passanten, die diesem Auto nachschauen.

Die meisten dieser Passanten denken sicher, es wäre soeben ein viel teureres Auto an ihnen vorbeigefahren, aber dass es nicht so ist, genau das ist immer wieder mein persönlicher innerer Hochstatus.

Nur, wie schlimm trifft es den äußeren Hochstatus-Lamborghini-Aventador-Fahrer, wenn der Nachbar plötzlich mit dem neuen Aventador SV (Super Veloce) mit mehr PS aus der Garage fährt? Dann hat er über eine halbe Million Euro ausgegeben und ist trotzdem ratzfatz in den Tiefstatus-Keller gepurzelt.

Also wenn sogar das XXL-Status-Auto nicht mehr vor dem Nachbarn sicher ist, für was dann?

Zusammenfassend befinden wir uns entsprechend der aktuellen bereits überall auf der Welt merklichen Klimaveränderung sowie deren Auswirkung auf jeden Einzelnen sowieso gerade in einer Trendumkehr zur bewussten Energieverwendung. Auch deshalb verliert aus meiner Sicht das bisherige Statussymbol Auto immer mehr seinen Glanz. Die Gründe sind aufgrund der Verkehrsdichte benötigte neue Mobilitätskonzepte, speziell in Ballungsräumen, wo es keinen Sinn ergibt, in einem teuren Auto im Stau zu stehen. Dort wollen laut der Studie „Neue urbane Mobilität" aus dem Jahr 2018 zwischen 17 und 34 Prozent der Autobesitzer in Deutschland und Österreich je nach Zukunftsszenario auf ihr Fahrzeug verzichten. Dazu drohen Fahrverbote, CO_2-Steuern und ähnliche Zukunftsgeister.

Willkommen in der Welt der zukünftigen Steckdosen-Autos, wo möglicherweise die Leistung der privaten Ladestation über den Status entscheiden wird.

Österreich war größenmäßig bereits im Jahr 2018 das Land mit der dichtesten Infrastruktur an Lademöglichkeiten für Elektroautos. Es gibt bereits rund 3.600 öffentliche Ladestationen und der Ausbau schreitet stetig voran. Circa 210 davon sind sogenannte Highspeed-Ladepunkte mit Leistungen von bis zu 50 kW. Alle 60 Kilometer entlang von Autobahnen und Ballungszentren sind diese besonders schnellen Ladestationen zu finden. Sie sorgen dafür, dass der Akku in etwa 20 Minuten wieder zu 80 Prozent aufgeladen ist.

Aber es gab im Jahr 2018 nur eine einzige Hochstatus-Ladestation mit einer Leistung von 350 kW, die aktuell wenig bringt, da die meisten erhältlichen E-Autos nur an Typ-2-Ladestationen mit 22–43 kW geladen werden können. Sogar ein Hochstatus-Tesla fällt an der 350-kW-Ladestrom-Station auf Tiefstatus zurück, da er aktuell mit max. 135 kW „high power super chargen“ kann.

So gesehen wird Status in Verbindung mit E-Mobilität wahrscheinlich so unübersichtlich, dass wir sinnfrei darauf verzichten werden können! Die wahren Statuswerte der Zukunft werden sich aufgrund der sich verändernden Rahmenbedingungen neu definieren müssen. Aber dazu benötigt es Intelligenz, woraufhin sich letztendlich der Bildungsstatus in den Vordergrund drängen muss!

Erfolg ist Status – Julien Backhaus

Julien Backhaus, Medienunternehmer, Verleger, Lobbyist, Buchautor: Erfolg – Was Sie von den Super-Erfolgreichen lernen können

Deutscher Medienunternehmer, Verleger, Lobbyist u.a. Verleger vom ERFOLG Magazin und Autor des Buches „ERFOLG – Was Sie von den Super-Erfolgreichen lernen können"

Foto: Ronny Barthel

Wir können uns nicht dagegen wehren, dass die Gesellschaft uns einen Status zuweist. In dieser Art des Schubladendenkens fällt es leichter, die Welt zu organisieren. Schon bevor es uns Menschen gab, hat die Natur den Status eingeführt. Für die Flora will ich mich nicht zu weit aus dem Fenster lehnen, weil ich kein Experte bin. Aber selbst dort gibt es Bäume, die alle anderen überragen und in deren Schatten die unteren nicht weiterwachsen können. In der Fauna, also der Tierwelt, ist Status definitiv ein Begriff. Die stärksten Tiere setzen sich innerhalb der Gruppe durch und erarbeiten sich ihren Status – also ihre Stellung im Rudel. Damit wissen zum Beispiel alle Wölfe im Rudel, wer zuerst fressen darf. Es ist aber viel mehr als reine Organisation. Man zollt dem Wolf Respekt, der hart für seine Stellung gearbeitet hat.

Nicht anders ist es bei uns Menschen. Es gibt einige wenige – mögen es zehn bis zwanzig Prozent sein – die einen natürlichen Drang verspüren, viel zu leisten und viel zu erreichen. Ich selbst gehöre auch zu dieser Gruppe. Automatisch weist uns die Gesellschaft dadurch einen Status zu. Wer am Fließband arbeitet, hat ein eher niedriges Ansehen.

Wer eine große Firma aufgebaut hat, genießt ein hohes Ansehen. Ich denke schon, dass die Menschen Status in erster Linie an Leistung knüpfen. Denn den Menschen ist bewusst, dass sich durch die Errungenschaften auch ein gewisser Einfluss ergibt. Jemand, der sich durch seine Leistungen einen Namen gemacht hat, kann seinem Wort mehr Gehör verschaffen und dessen Wort fällt auch stärker ins Gewicht. Anders ist es bei einem einfachen Arbeiter. Dessen Wort hat wenig Gewicht, weshalb er sich auch einer Gewerkschaft anschließen muss, um gehört zu werden.

Ich weiß meinen Status sehr zu schätzen, weil er mir Türen öffnet und meinem Anliegen Gewicht verleiht. Meinen Status habe ich durch verschiedene Faktoren erreicht. Ich habe einige natürliche Voraussetzungen, auf die ich keinen Einfluss hatte. Ich bin 1,91 Meter groß. Körpergröße wird tatsächlich in der Psychologie mit Überlegenheit in Verbindung gebracht. Viele Studien haben erwiesen, dass großen Menschen mehr Respekt entgegengebracht wird und man von höherer Kompetenz ausgeht, wenn jemand hochgewachsen ist. Er sticht automatisch aus der Masse hervor und wird als eine Art Leuchtturm wahrgenommen. Außerdem habe ich einen wohlklingenden Nachnamen. Ich stamme aus keinem vornehmen Hause, sondern bin auf einem Bauernhof aufgewachsen. Trotzdem vermittelt der Name Backhaus mehr Status und man kann ihn sich gut merken. Darum habe ich all meine Firmen mit meinem Namen versehen. Ich hatte nie einen Grund, einen kryptischen Firmennamen zu erfinden, sondern habe Kapital aus meinem wohlklingenden Nachnamen geschlagen. Das haben auch Claus Hipp und Dirk Rossmann so gemacht. Menschen mögen es, wenn man mit seinem Namen für etwas einsteht. Auch die Familien Ferrero und Porsche haben es so gemacht. Der Nachname wurde zum Markenversprechen und erlangte dadurch Status.

Solche Voraussetzungen können allerdings immer nur die erste Stufe auf dem Weg zum Erfolg sein. Viel ausschlaggebender ist wie schon beschrieben die Leistung, mit der man dieses Gefäß befüllt. Ich habe die Öffentlichkeit stets von meinen Errungenschaften wissen lassen, wodurch sich mein Status Stück für Stück aufbaute. Heute ist dies durch die Möglichkeiten der Sozialen Medien um ein Vielfaches leichter geworden. Durch Inhalte, die die Öffentlichkeit interessieren, können Sie Reichweite aufbauen und gleichzeitig Ihren eigenen Status wachsen lassen. Je größer die Leistungen sind, die Sie erbringen, desto mehr wird man Ihnen dafür applaudieren, was wiederum Ihre gesellschaftliche Stellung erhöht. Ihr Wort gewinnt an Gewicht. Bei mir hat auch mein prominentes Umfeld dafür gesorgt, dass ich zunehmend im Scheinwerferlicht stand. Wer mit Arnold Schwarzenegger, Dieter Bohlen und allen möglichen Bundesministern gesehen wird, ist wahrscheinlich ähnlich bedeutend. Ein weiterer Vorteil war, dass ich zunehmend mit dem Begriff „Erfolg“ in Verbindung gebracht wurde. Bedingt dadurch, dass sowohl eine meiner Zeitschriften (ERFOLG Magazin) als auch mein Buch (ERFOLG – Was Sie von den Super-Erfolgreichen lernen können) diesen Titel tragen. Ich wurde immer häufiger von großen Tageszeitungen und Magazinen um Interviews gebeten, meine Person wurde Thema im nationalen Fernsehen und ich wurde in Talkshows eingeladen. Zudem erhalte ich pausenlos Einladungen zu Podcast-Sendungen und Bühnenauftritten. Die nehme ich auch gerne an, denn dadurch lernen mich Hunderttausende neue Zuhörer und Zuschauer kennen.

Status hat damit mehrere Vorteile. Zum einen können Sie Fußspuren auf der Welt hinterlassen und ein Teil der Weltgeschichte werden. Wie groß dieser Abschnitt sein wird, entscheidet jeder selbst. Zum anderen zahlt es sich auch wirtschaftlich eindeutig aus. Es wird sich in jeder Hinsicht finanziell für Sie auszahlen, wenn Sie mehr Einfluss genießen und mehr „wert“ sind. Es ist tatsächlich so einfach: Wer gefragt ist, bekommt auch mehr.

Persönliche Leistung und Prioritäten als Statussymbole – Elisabeth Himmer-Hirnigel

Mag.a Elisabeth Himmer-Hirnigel, President of Public Affairs. PR International

Foto: Julie Brass

Von früher Jugend an war mir bewusst, dass nur ich selbst etwas dazu beitragen kann, mein Leben auf feste Beine zu stellen und der Welt zu beweisen: „Ich schaffe es." Dieser Leitspruch verfolgt mich seit frühen Schultagen, denn in unbeobachteten Momenten ritzte ich diese drei Worte im Alter von acht Jahren in der Volksschule in meine Schulbank ein. Ich saugte alles an mich herangebrachte Wissen auf und von Büchern und Erzählungen konnte ich nicht genug bekommen.

Bald reifte der Plan in mir, Schauspielerin, später Sängerin, zu werden. Von all den tollen Schauspielerinnen auf der Leinwand im Kino und auf der Bühne war ich fasziniert und habe sodann als Jugendliche erstmals begriffen, was es bedeutet, einen „Status" zu erlangen. Mich beeindruckte die schöne Aussprache, die klare Stimme, jedes Wort jener Schauspieler/innen, die mich in meiner Jugend inspirierten, gleich nach Abschluss meiner Schuljahre die Aufnahmeprüfung im Konservatorium zu machen mit dem Ziel, bald in die Hochschule für Musik und darstellende Kunst (heute Universität) zu wechseln. Ich wollte unbedingt den Status meiner Vorbilder erreichen, die sich gut artikulieren konnten und eine vorbildliche Aussprache besaßen, denn es war mir bewusst, dass man sich seinem Gegenüber so wesentlich besser und selbstsicherer präsentieren kann.

Nichts fällt einem in den Schoß, ohne hart an sich selbst zu arbeiten. So war es dann auch mit meiner Körpersprache. Als pubertierende Jugendliche und schüchtern, wie ich war, wusste ich nichts mit meinen langen Armen, mit meinen Händen und schließlich mit meinem gesamten Gesichtsausdruck richtig anzufangen. Sobald ich mein Studium für Schauspiel und Musik begonnen hatte, gewann ich zusehends an Selbstsicherheit und durch „Spieglein, Spieglein an der Wand"-Übungen eignete ich mir eine korrekte Körperhaltung an. Gelassenheit im Auftreten und eine gute Körperhaltung war mit Sicherheit mein erstes Statussymbol, das für mich bis heute Gültigkeit hat.

Sehr geprägt hat mich mein dreijähriger Aufenthalt in London, wo ich im Dienste der Österreichischen Botschaft im Einsatz war, sowie die zahlreichen späteren Besuche in Großbritannien zusammen mit meinem Mann, der für eines der größten britischen Unternehmen tätig war. Wir durften einige gesellschaftliche Höhepunkte der royalen Gesellschaft Englands erleben und in den schönsten, gepflegtesten Häusern mit ihren prachtvollen Gärten zu Gast sein. Die edlen Einrichtungen in Englands Herrenhäusern und ihre gediegenen Gartenanlagen sind Statussymbole der noblen britischen Gesellschaft.

Von da an reifte mein Wunsch, in einem Haus im Grünen zu wohnen und die Abgeschiedenheit der Natur zu genießen. Wir konnten uns nach den Geburten meiner beider Söhne ein eigenes Heim mit großem Garten schaffen, das zu einer Oase während der Aufbauphase meiner eigenen Agentur wurde. Es ist immer eine große Freude, wenn Gäste und Freunde meine Einladungen genießen und anerkennen, dass wir durch Arbeitseinsatz und Arbeitszeit unseren Traum verwirklichen konnten. Des Öfteren verspüre ich Respekt und Anerkennung von Personen, die mein Refugium besuchen und sich wohlfühlen. In diesen Momenten wird mir oft wieder bewusst, dass das längst als selbstverständlich empfundene Gefühl, ein gemütliches Haus im Grünen zu bewohnen, zum Statussymbol wurde.

Eine Immobilie oder eine Liegenschaft zu besitzen ist zwar erstrebenswert, aber wesentlich befriedigender ist die persönliche Leistung und das Gefühl des Durchsetzungsvermögens, ein gestecktes Ziel im Leben erreicht zu haben. Ich habe Prioritäten gesetzt, um nicht im Mittelmaß stecken zu bleiben, sondern den Zenit in meinem gebotenen Umfeld zu erreichen. Einen Status in meinem Berufsleben zu erlangen, der einem ein Glücksgefühl und eine innere Zufriedenheit gibt. Dieser Weg ging nicht von heute auf morgen. Ich musste mein Erlerntes vernünftig und diplomatisch einsetzen, um mir nach schwierigen Prüfungen auf meiner beruflichen Laufbahn endlich eingestehen zu können – ich habe es aus eigenem Antrieb geschafft, ich habe den Status, den ich mir erhoffte, erlangt.

Anfragen bekanntester internationaler Konzerne zwecks PR-Betreuung sind an mich herangetragen worden und es macht mich sehr glücklich, mit so vielen verschiedenen Aufgaben betreut zu sein und so unterschiedliche Mentalitäten kennenzulernen. Ohne Zweifel muss ich mir natürlich eingestehen, dass ich die jugendlichen Fantasien und Träume – „ich werde Schauspielerin oder Sängerin" – in den Wind schlagen musste, da ich durch die Familie einen anderen Weg eingeschlagen habe.

Jedoch die Begeisterung und Liebe zum Sprech- und Musiktheater ist tief in mir verwurzelt und ich versuche, jede mögliche Gelegenheit zu nutzen, Opern, Konzerte oder das Theater zu besuchen. Um diesem „Luxus"-Status zu frönen und ihn auszuleben, bin ich Mitglied und Förderin bekannter Opernhäuser und Festivals und reise oft wegen einer außergewöhnlichen Aufführung oder eines geliebten Künstlers oder einer Künstlerin in der Weltgeschichte herum.

Abgesehen von seinem eigenen persönlichen Status ist es nur menschlich, dass man zu Personen, die einen Hochstatus erreicht haben, gerne aufschaut. Es stellt sich nur die Frage, ob es wirklich so erstrebenswert ist, als Politiker, Wirtschaftsboss, Oligarch oder auch Mitglied der königlichen Familien hohe Verantwortung zu tragen und ständig in der Öffentlichkeit zu stehen. Mit Stolz können wir auf den aktuellen Status unseres Landes sowie der lebenswertesten Stadt der Welt, Wien, sehen. Österreich hat die Aufarbeitung nach den Kriegsjahren und die Reparatur seiner Schäden bewundernswert geschafft.

Hoffen wir, dass die Stellung und der Zustand unseres Landes und der positive Status Österreichs lange erhalten bleiben.

Social-Media-Kommentare

Im Folgenden möchte ich einige meiner Social-Media-Kontakte zu Wort kommen lassen, die ich darüber befragte, was das Thema „Status" für sie bedeutet.

Für mich ist ein Statussymbol nicht zwangsweise etwas Materielles. Jedes soziale Gefüge definiert sich über Gemeinsamkeiten oder Abgrenzungen – im Prinzip über Statussymbole. Materiell oder immateriell, wie zum Beispiel Zeit oder kulturelle Interessen. Je stärker ich mir meines Wertesystems bewusst bin, desto besser kann ich mich vor Angriffen von außen schützen und ein Umfeld von Gleichgesinnten finden. Der Besitz eines Objektes wird dann zum klassischen Statussymbol emporgehoben, wenn der Inhaber sich darüber definiert, weil er z.B. permanent die Kostspieligkeit erwähnt und sich über andere erhebt.
Viktoria, Facebook

Ich nehme öfters wahr, wie manche Menschen „Status" mit „Stil" verwechseln. Einige davon versuchen mit zahlreichen „Statussymbolen" ihrer Wahl andere Menschen zu „übertrumpfen". Allerdings kann eine derartige „Angeberei" ziemlich ins Auge gehen, wenn Letztere einen stimmigeren Status und Stil haben. Denn ohne Authentizität kippt dieses „Statusspielchen" irgendwann.

Für mich zählen andere Aspekte mehr als z.B. diverse Titel. Viel wertvoller finde ich u.a. relevante fachliche Kompetenz und wie jemand mit

anderen Menschen umgeht. Daher habe ich bewusst meine Titel (z.B. auf Visitenkarten) weggelassen und das hatte Folgen! Vor allem zu Beginn meiner Karriere wurde ich deshalb von etlichen Business-Gesprächspartnern nicht auf Augenhöhe behandelt. Zumindest bis sie mich fragten, weshalb ich z.B. „ohne Titel" dieses oder jenes sagen könne. Umso größer war dann ihr Aha-Erlebnis, als klar war, wer sich tatsächlich zu viel – z.B. auf den eigenen (Titel)status – eingebildet hatte … Besonders, wenn ich die einzige Frau in der Runde war.
Martina, Facebook

Mein Status ist für mich definitiv meine Persönlichkeit. Je mehr ich daran feile, sie stärke und entwickle, desto authentischer werde ich nach außen. Der äußere „Schmuck" ist daher für mich eher zweitrangig, aber meist wichtiger zur Beruhigung meines Gegenübers.
Amel, Facebook

Ich sehe Status in Form von Hoch- und Tiefstatus, also wie sich jemand anderen gegenüber verhält. Status ist, wenn jemand eine Vorbildfunktion hat und Menschen mit Respekt behandelt und andere nicht abwertet. Ich gönne jedem seine Yacht und seinen Privatjet, jedoch sagt dies nicht unbedingt etwas über die Persönlichkeit aus. Gegenstände mögen Statussymbole sein, doch wie jemand anderen Menschen gegenüber ist, zeigt seinen richtigen Status.
Renè, Facebook

Führen und führen lassen: Wir spielen permanent Statusspiele. Statussymbole: Ganz tricky! Je nachdem, welcher Gruppe wir uns verbunden fühlen oder zugehörig fühlen wollen, wählen wir sie. Ich glaube, Status äußert sich heutzutage in ganz vielen subtilen Symbolen und Trends – Uhr, Auto – das war gestern. Heute: Hast du eine Energetikerin? Bist du Veganer? Welche Allergie und Unverträglichkeit hast du? Wie fit bist du? Wie viele Likes hast du auf Social Media? Welchen Kanälen folgst du?
Kathrin, Facebook

Ich habe ja mal in der 5*-Hotellerie gearbeitet. Da hat man viel Kontakt mit Statussymbolen und Statusspielen. Wenn im Gästebuch als Beruf „Sohn" eingetragen wurde, dann konnte man auch davon ausgehen, dass ein dickes Auto vor der Tür stand. Die Erfahrung hat mir gezeigt, dass die wirklich Reichen meist sehr bescheiden und höflich waren. Die, die lediglich den Schein wahren mussten, spielten aber gerne ihre Statusspielchen, wie z.B. nichts von der Menükarte zu bestellen, sondern „Kochen nach Sonderwunsch". Generell habe ich gelernt, niemanden nach seinem Äußeren zu beurteilen. Der Schein trügt oft.
Daniela, Facebook

Da bin ich eine typische Frau: Status bedeutet mir wenig. Wenn etwas zählt, dann Persönlichkeit. Aber in die Richtung geht natürlich: eine gute Wohnlage, Reisen und auf jeden Fall eine gute Ausbildung für die Kinder. Falls nötig, kann ich Status spielen.
Marion, Facebook

Für mich persönlich ist ein Statussymbol eine eigene Meinung zu haben und diese auch zum Ausdruck zu bringen, auch gegen den jeweiligen Mainstream. Statussymbole, wie Auto, Schmuck, teure Uhren oder Markenprodukte, sind so uninteressant, wenn der Mensch dahinter keinen Charakter, keine eigene Meinung, keine Bildung, keinen Esprit und keine Herzensbildung hat.
Gabriele, Facebook

Wenn man in Schuhen von Deichmann unglücklich ist, ist man es auch in Schuhen von Gucci. Ich denke, Statussymbole sind immer eine Kompensation für irgendeinen Mangel. Wenn man es nötig hat, sich selbst mit materiellen Dingen quasi aufzuwerten, sollte man dringend an anderer Stelle ansetzen und etwas für die Psychohygiene tun. Es ist out geworden zu protzen. Gerade in einer Welt, in der genug Menschen nichts zu essen haben.
Barbara, Facebook

Bildung, Sprache und Herkunft verbinde ich mit Status! Fette Autos, Gold und Silber bedeuten mir nichts, ist aber für viele andere ein Statussymbol. Wie sagten wir früher zu Hause: Den Kitt aus den Fenstern fressen, aber ein dickes Auto vor der Tür. Sonst bedeutet es für mich, eine schöne Wohnung zu haben und einen guten Beruf. Status – entziehen kann sich dem Thema niemand!
Patricia, Facebook

Gewisse Symbole werden oft verwendet, um zu zeigen, dass man zur sogenannten High Society dazu gehört. Man ist jemand! Markentaschen sind ein Muss: Schau her, ich kann es mir leisten. Accessoires, Schuhe, Autos – alles Symboliken, die eine Person als wichtig deklarieren. Egal ob die Tasche gefällt. Die Marke muss passen. Weil die Nachbarin das schreckliche Kleid von Marke X hat, muss man es auch haben, ob es nun passt oder nicht. Somit wandert es letztendlich zu den anderen Teilen, die nicht mehr getragen werden, aber als en vogue gelten. Hauptsache, der Schrankinhalte ist voll von Prada, Gucci und Co. So gesehen unterstützen wir damit die Großen, die durch uns noch größer werden. Ich finde, Status zeigt sich erst wirklich im eigentlichen Umgang miteinander. Möchte ich ein Double von jemanden sein, muss ich jemandem etwas beweisen? Nein, das muss ich nicht, daher bin ich glücklich mit dem, was ich habe, mit dem, was ich bin und erreicht habe.
Tina, Facebook

Status bezieht sich für mich auf die Lage des Zustandes, den ich mir durch mein Bewusstsein zuteile. Ich selbst gebe mir durch meine Emotionen, die von meinen Gedanken kommen, einen Stellenwert, den ich für richtig halte, aber der nie der „richtige“ ist. Status bedeutet, Klarheit über seinen Lebensbereich zu haben, denn auch Gesundheit und Freude sind für mich Statussymbole. Wer selbstbestimmt lebt, ist für alle Statuslagen im Leben selbst verantwortlich.
Florian, Facebook

Statussymbole sind mir nicht so wichtig. Ich habe schöne teure Dinge genauso gerne wie günstige und einfache. Wohlfühlen und glücklich sein ist mir wichtig.
Regina, Facebook

Eine sehr gute Freundin hat das vor Jahren einmal treffend formuliert: „Wenn man einmal weiß, wie sich eine Rolex auf der Hand und der Porsche unterm Arsch anfühlen, braucht man es nicht mehr." Was nutzen uns alle Statussymbole, wenn man sich alleine fühlt unter all dem Krempel? Und in Zeiten wie diesen, wo es gute Kopien gibt, man alles leihen oder leasen kann, bedeuten diese Symbole gar nichts mehr. Statussymbol bedeutet für mich ein ausgeglichenes und glückliches Leben zu haben, seinen Kids eine gute Ausbildung bieten, Reisen, Horizont erweitern und einfach happy sein. Wer das schafft, hat den allerhöchsten Status erreicht.
Irene, Facebook

Diejenigen, die auf solche Statussymbole wie dickes Auto, großes Haus und Markenkleidung nicht verzichten können, sind meist unglücklich und unzufrieden mit sich selbst. Was nützt mir das alles, wenn ich nicht gesund bin.
Erika, Facebook

Mir gefallen auch schöne und teure Sachen und traumhafte Urlaube. Aber ich weiß, dass ich das alles nicht haben muss, um Status zu gewinnen. Egoistische Statusspiele sind leider an der Ta-

gesordnung und das zieht sich durch die ganze Gesellschaft. Ich für mich kann sagen, dass sich meine Vorstellung und Meinung zum Thema „Status" im Laufe meines Lebens geändert hat. Für mich zählt der Umgang mit anderen Menschen am meisten!
Sandra, Facebook

Statussymbole bedeuten mir persönlich nicht viel, aber sie machen durchaus Spaß. Ich habe mir ein Segelboot gekauft aber nicht als Statussymbol, sondern weil mir dieses „Gefühl" viel wert war. Ich habe auch eine Louis-Vuitton-Tasche, weil sie mir gefällt und ich trage sie sehr gerne.
Lisa, Facebook

Früher war mir Status und Luxus wie Haus, Auto, Urlaub und Boot wichtig. Nach zwei Herzinfarkten änderte sich das. Jetzt sind mir meine Familie und meine Gesundheit wichtiger als alles andere. Geld hat keinen Wert mehr für mich, nur Zeit und mein Frieden. Mehr brauche ich nicht!
Manuel, Facebook

Mit Status verbinde ich nicht große Autos, Villa und Schmuck, sondern Ehrlichkeit und Menschlichkeit. Die Statusspiele, die ich immer wieder erlebe: Titel und Protzautos zählen!
Sabine, Facebook

Ich habe eine ID37-Persönlichkeitsanalyse gemacht und Status ist bei mir am wenigstens ausgeprägt. Mir würde viel einfallen zum Begriff, nur nichts davon ist mir wichtig. Vielleicht bin

ich durch meine Mutter immunisiert, weil sie immer auf „Mehr Schein als Sein“ unterwegs war. Zum Thema „immaterieller Status“: Wenn ich jemanden anrufe und meinen Vornamen nenne, hat das eine andere Wirkung, als wenn ich in meiner Funktion als Leiterin anrufe. Wenn ich als Dorit und Privatperson anrufe, erreiche ich nicht dasselbe, wie wenn ich aus meiner Position heraus anrufe. Die Position wirkt!
Dorit, Facebook

Statussymbole haben eine große Macht über uns – man kann sich dem kaum entziehen. Verwende ich absichtlich immer das Fahrrad und nicht den umweltbelastenden PKW, wird mein Fahrrad automatisch zum Statussymbol und Zeichen für Zugehörigkeit zu einer umweltbewussten oder fitness- und bewegungsbewussten Gruppe.
Birgit, Facebook, Wiener Wunderweiber

Ich habe einige Jahre in einem sehr schönen und coolen Hotel als Hoteldirektorin gearbeitet und immer wieder beobachtet, dass ich als Hoteldirektorin bei gewissen Menschen immer einen anderen Status hatte. Aber auch mein Umfeld hat stolz präsentiert, dass ich Hoteldirektorin war. Meine Beobachtung war, dass man/ich für andere immer gleich viel interessanter durch meine Position war. Ich sagte dann nur mehr, dass ich im Hotel arbeite!
Katharina, Facebook, Wiener Wunderweiber

Bewusst eingesetzte Statussymbole dienen entweder einer Machtdemonstration oder sollen die Minderwertigkeitskomplexe überdecken.
Irmie, Facebook, Wiener Wunderweiber

Statussymbole bringen nicht viel, wenn der Träger andere soziale Codes aussendet, die das Gegenteil bezeichnen. Sie bringen in so einem Fall auch kein Ansehen, Respekt und Gehör bei anderen Personen, die diesen Status tatsächlich haben. Es lassen sich nur die irreführen, die ihn nicht haben.
Susanne, Facebook, Wiener Wunderweiber

Statussymbole bedeuten nichts. Denn sie sind eben nur Symbole und nicht wirklich Status. Status ist relativ und wem steht welcher Status zu? Vielen Kindern aus Adelsgeschlechtern sieht man es heute nicht mehr an. Sie ziehen sich (scheinbar) nicht besonders teuer an, bewegen sich aber auf allen Parketten sicher und gewandt. DAS könnte sowas wie Status sein.
Dagmar, Facebook, Wiener Wunderweiber

Statussymbole repräsentieren für mich …
… Geld, Macht, Erfolg und sich selbst wichtig nehmen. Ganz nach dem Motto „Wer was auf sich hält, hat eine A1-Nummer, fährt ein teures Auto, macht an der Côte d‹Azur Urlaub, trägt Marke xy usw." Status verbinde ich mit einer Mischung aus Selbstbewusstsein, Befolgen von Etikette, Körpersprache und (sozialer) Intelligenz. Mitarbeiter fühlen sich in Anwesenheit ihrer Vorgesetzten unsicher. Ärzten wird fast eine Heiligkeit zugesprochen. Sobald eine Person einen Mag.-

oder Dr.-Titel hat, wird sie als sehr intelligent angesehen. Der Ranghöchste hat den besten Parkplatz.
Jaqueline, LinkedIn

Anhang

Literaturempfehlungen

Capital, Jason: Higher Status. The New Science of Success and Achievement. Lioncrest Publishing.

Green, Robert: Power – die 48 Gesetze der Macht. dtv Verlagsanstalt.

Rickens, Christian (2007): Nobeluniversitäten. Ein Platz in der Efeuliga. Manager Magazin. 18. 07. 2007; https://www.manager-magazin.de/magazin/artikel/a-494689.html

Schindler, Raoul: Das lebendige Gefüge der Gruppe. Ausgewählte Schriften. Forum Psychosozial.

Schmitt, Tom; Esser Michael: Statuspiele, Tom Schmitt und Michael Esser. Verlag Fischer.

JAHRESAUSBILDUNG zur/m
CERTIFIED PROFILER
für Wirtschaft und Sicherheit
Patricia Staniek,
Certified Master Profiler, Criminologist, Consulter
& die PROFILING TASK FORCE
ERWERBEN SIE EXZELLENZ IN
MENSCHENKENNTNIS
UND ERMITTELN SIE PERSÖNLICHKEITEN!
Patricia Staniek
Int. Consulting – Profiling & Criminology
www.patricia-staniek.com
ZERTIFIZIERUNGS STELLE
WIFI
WKO
Find us on: